国家林业和草原局普通高等教育“十三五”规划教材
高等院校园林与风景园林专业美术系列规划教材

园林素描（第3版）

（附数字资源）

宫晓滨　高　飞　秦仁强　主　编

中国林業出版社
·北　京·

内容简介

本教材是在《园林素描》(第2版)的基础上进行修订的，并配备数字资源。内容包括两大部分，即“基础素描”与“园林风景表现素描”。基础素描包括：①基础透视；②石膏几何形体；③静物；④石膏像。园林风景表现素描包括：①园林景观物象的单体绘画；②中国传统园林的素描表现创作绘画；③西方传统园林景观；④现代景观的素描表现创作绘画。本次修订着重于增加几何形体和静物素描的内容，并增加园林专业学生优秀作业作为范画。强化基础造型训练，更新了风景素描部分范画，使之为课堂教学更好地提供参考与借鉴。

图书在版编目（CIP）数据

园林素描 / 宫晓滨，高飞，秦仁强主编. —3版. —北京：中国林业出版社，2020.3（2023.8重印）
国家林业和草原局普通高等教育“十三五”规划教材　高等院校园林与风景园林专业美术系列规划教材
ISBN 978-7-5219-0481-9
Ⅰ.①园…　Ⅱ.①宫…②高…③秦…　Ⅲ.①园林设计—建筑制图—素描技法—高等学校—教材　Ⅳ.①TU986.2
中国版本图书馆CIP数据核字(2020)第024670号

策划编辑：康红梅　段植林　　**责任编辑：**康红梅　　**责任校对：**苏　梅
电话：（010）83143527　83143551　　**传真：**（010）83143516

出版发行　中国林业出版社(100009 北京市西城区刘海胡同7号)
E-mail：jiaocaipublic@163.com　电话：(010)83143500
http://www.forestry.gov.cn/lycb.html
经　销　新华书店
印　刷　北京中科印刷有限公司
版　次　2007年1月第1版（共印6次）
2015年7月第2版（共印6次）
2020年3月第3版
印　次　2023年8月第4次印刷
开　本　230mm × 300mm　1/8
印　张　29
字　数　349千字　另数字资源约250千字
定　价　59.00元

数字资源

《园林素描》（第 3 版）编写人员

主　　编： 宫晓滨　高　飞　秦仁强

副 主 编： 高文漪　高　超

编写人员：（以姓氏拼音为序）

陈　叶（南京农业大学）
傅　倩（中南林业科技大学）
高　超（北京林业大学）
高　飞（东北林业大学）
高文漪（北京林业大学）
宫晓滨（北京林业大学）
龚道德（南京林业大学）
郭润华（青岛农业大学）
韩雨对（北京林业大学）
黄培杰（江南大学）
姜　喆（北京林业大学）
刘　宁（青岛农业大学）
刘文海（中南林业科技大学）
刘毅娟（北京林业大学）
孟　滨（河南农业大学）
潘　越（北京林业大学）
秦仁强（华中农业大学）
宋　磊（青岛农业大学）
苏　畅（沈阳农业大学）
万　蕊（四川农业大学）
王立君（河北农业大学）
王　琳（南京视觉艺术职业学院）
吴兴亮（海南大学）
肖小英（中南林业科技大学）
邢延龄（浙江农林大学）
徐桂香（北京林业大学）
许　平（仲恺农业技术学院）
许林峰（福建农林大学）
许文俊（江西农业大学）
闫冬佳（山西农业大学）
尹建强（湖南农业大学）
贠　剑（山西农业大学）
张　纵（南京农业大学）
张乃沃（中南林业科技大学）
张益昇（四川农业大学）
张玉军（北京林业大学）
赵　家（北京林业大学）
钟　华（南京林业大学）
钟　建（青岛农业大学）
周　欣（华中农业大学）
左　红（华中农业大学）

《园林素描》（第2版）编写人员

主　　编：宫晓滨

副 主 编：高文漪　高　飞　秦仁强　潘　越

编写人员：(以姓氏拼音为序)

陈　叶（南京农业大学）
高　超（北京林业大学）
高　飞（东北林业大学）
高文漪（北京林业大学）
宫晓滨（北京林业大学）
郭润华（青岛农业大学）
韩雨对（北京林业大学）
黄培杰（江南大学）
姜　喆（北京林业大学）
刘　宁（青岛农业大学）
刘文海（中南林业科技大学）
刘毅娟（北京林业大学）
孟　滨（河南农业大学）
潘　越（北京林业大学）
秦仁强（华中农业大学）
宋　磊（青岛农业大学）
王立君（河北农业大学）
吴兴亮（海南大学）
肖小英（中南林业科技大学）
邢延龄（浙江农林大学）
徐桂香（北京林业大学）
许　平（仲恺农业技术学院）
尹建强（湖南农业大学）
张　纵（南京农业大学）
张乃沃（中南林业科技大学）
张玉军（北京林业大学）
赵　佳（北京林业大学）
钟　华（南京林业大学）
周　欣（华中农业大学）
左　红（华中农业大学）

《园林素描》（第1版）编写人员

主　　编：宫晓滨

副 主 编：高　飞　秦仁强

编写人员：(以姓氏拼音为序)

陈　杰（中南林业科技大学）
陈　叶（南京农业大学）
郭大耀（山西农业大学）
黄培杰（江南大学）
姜　喆（北京林业大学）
刘毅娟（北京林业大学）
孟　滨（河南农业大学）
秦仁强（华中农业大学）
宋　磊（青岛农业大学）
王立君（河北农业大学）
邢延龄（浙江林学院）
徐桂香（北京林业大学）
许　平（仲恺农业技术学院）
尹建强（湖南农业大学）
张　纵（南京农业大学）
张玉军（北京林业大学）
钟　华（南京林业大学）
左　红（华中农业大学）

第3版前言

随着我国生态文明和美丽中国建设的持续推进，国家公园、生态建设等重大战略对园林人才培养提出了新的要求，园林美术肩负着中国园林美育的重要使命，为培养优秀设计人才奠定扎实的美术功底和积极健康的审美能力。

本教材所论“素描”，是指与园林有关的“专项素描”，定义为“园林素描”十分准确。素描是造型艺术的基础，同时，它无疑又是一种直观而形象的绘画艺术表现手段。其他绘画艺术如此，园林艺术的表现绘画更是如此，概莫能外。在这个意义上说，它就不能仅仅只停留在“基础”的层面而应“更上一楼”了。北京林业大学风景园林、园林以及城乡规划这 3 个专业在美术教学的内容设置上，将美术教学设计为“绘画基础”（基础必修课程）与“园林绘画”（专业选修课程）两大板块。这一园林美术教学体系，经多年教学实践，证明其符合园林类专业的学术要求和专业特点，是较为科学、较为正确的。

基础素描和园林风景表现素描的艺术表现形式与手法，大致有两类，即“调子素描”和“线性素描”。在这个基础上，又可以有“全因素素描”与“结构素描”。其中“线性素描”又是园林风景表现绘画中“素描淡彩”的重要艺术语言。因此，本教材的“范图”，在“调子素描”的基础上，又选用了若干“线性素描”以及“以线为主，稍加调子”的园林风景绘画创作作品，为进一步的园林风景“淡彩”类创作绘画指出了预设方向并留有充分余地。

在我校和全国各院校的风景园林与园林以及其他相关专业美术教师的共同努力之下，经多年教学探索与实践以及对本教材的广泛使用，积累了大量优良的教学经验与优秀的绘画作品。因此，在本教材第 3 版的编写中，又充实了各院校近几年来涌现出来的教师示范作品和学生优秀作品。这充分体现了全国园林美术教师丰硕的教学成果与更新更高的教学与学术水平。对此，向积极支持本教材编写工作的老师们和中国林业出版社的同志们表示衷心的感谢。

宫晓滨

2023 年 8 月

第2版前言

本教材是在《园林素描》(第 1 版)的基础上进行修订的。第 1 版自 2007 年 7 月出版以来，已重印 5 次，在全国范围广泛使用。第 1 版教材综合北京林业大学园林学院与主要农林院校的素描教学大纲编写而成，内容包括两大部分，即“基础素描”与“园林风景表现素描”。鉴于园林与风景园林专业学生多无美术基础，第 1 版教材基础素描部分薄弱，本次修订着重于增加几何形体和静物素描的内容，并增加学生优秀作业作为范画；强化基础造型训练，替换了风景素描部分范画，使之能为课堂教学更好地提供参考与借鉴。

本教材素描绘画的题材，主要是根据北京林业大学园林学院所设园林、城市规划、风景园林这 3 个专业的特点与要求选择的，并包含了全国同类院校相同和相关专业的教学特点与要求。基础素描包括：①基础透视，②石膏几何形体，③静物，④石膏像。园林风景表现素描包括：①园林景观物象的单体绘画，②中国传统园林的素描表现创作绘画，③西方传统园林景观，④现代景观的素描表现创作绘画。

在教材插图与范画的选择上，采用各校教师作品与学生优秀作品相结合的办法，根据教学中各个单元和环节的需要进行选择，以期达到良好的教学效果。

编　者

2015 年 1 月

第1版前言

本教材是综合北京林业大学园林学院与主要农林院校的“素描”教学大纲编写而成的。包括两大部分，即“基础素描”与“园林风景表现素描”。教材同时吸取了全国几所同类大学园林（风景园林）院系和艺术设计专业的重要教学成果，具有较合理的代表性与涵盖面。

1. 内容与题材

本教材素描绘画的题材，主要是根据北京林业大学园林学院所设园林、城市规划、风景园林3个专业的特点与要求选择的，并包含了全国同类学校相同和相关专业的教学特点与教学要求。考虑到各个专业和各个院校的共性与个性，基础素描包括：①基础透视，②石膏几何体，③静物，④石膏像。园林风景表现素描包括：①园林景观物像的单体绘画（园林建筑类、植物类、山石水体类），②中国传统园林的素描表现创作绘画（北方皇家园林、南方私家园林），③西方传统园林景观，④现代景观的素描表现创作绘画。

2. 形式与风格

本教材根据园林设计学科的专业需要，抓住了以下两个基本问题：

第一，根据风景素描绘画的自身规律，强调艺术性和绘画风格的多样化。

第二，根据园林景观设计的技术要求，注重风景绘画的表现力与说明性。

对于这两个基本问题，在教学上都要抓住，同时根据美术教学的特点，又以艺术性和表现力为主。在教材的后半部分，尤其是进入风景创作阶段，应尊重并引导学生发挥素描风景绘画的自身风格和艺术思维的创造力与表现力。

本教材根据视觉艺术和绘画教学的自身规律，侧重在形象表达直观的画面教学效果，为学生在研究画本身与画面临摹上，提供了多层次、多种类的样本。在风景绘画艺术基本理论与绘画技法步骤的表达上，围绕具体画面进行。避免过多地在理论研究上的“抽象性”，从而使理论结合实际，具有较强的针对性与实用性，同时又较为全面与系统。

在教材插图与范画的选择上，采用各校教师作品与学生优秀作品相结合的办法。不分离教师作品与学生作品，而是将两者融合在一起，随着教学中各个单元和环节的进展而展开。这样，由于范画作品之间产生较鲜明的特点差异与对比参照，可以在提高教学效果上起到很好的作用。

本教材的编写分工如下：

宫晓滨任主编，负责全书的统稿。高飞任副主编，负责基础素描，其中部分图片由徐海涛（东北林业大学园林学院）提供。秦仁强任副主编，负责园林植物部分内容，其中花卉部分图片由孟滨提供，花架部分由左红提供，树木部分图片由周欣绘制。园林建筑、山石水体、中国传统园林、西洋园林、现代园林景观等部分图片由宫晓滨负责，其中民居部分图片由钟华和吴兴亮提供，综合风景中的部分图片由高文漪、徐桂香、姜喆、高超、赵佳绘制。

北京林业大学园林学院和艺术设计的部分学生积极参与了插图与范画的绘制工作。

《园林素描》编委会对上述学校和教师与学生热忱的参与和帮助，表示深深的谢意，并希望大家继续提供宝贵的意见，以利本教材的继续完善。同时，中国林业出版社对本教材的组织与出版，做了大量辛勤而高质量的工作，我们在此表示衷心感谢。

本教材适用范围：各大专院校园林、风景园林、景观专业、艺术设计专业；各园林、景观等设计与科研院所、公司；其他园林风景绘画研究者与爱好者。

编　者

2007 年 2 月

目 录

第1章 概 述

在中国高等美术教育教学体系中，“素描”课程的教学一直处于十分重要的地位。一方面，“素描”课程作为造型艺术的基础课程，重点在于培养学生正确的观察方法、写实能力以及对物体形体、结构、比例、空间、明暗、体量的感受能力和表现能力；另一方面，素描作为一种独立的艺术样式，属于绘画范畴，具有独立的艺术审美价值。

基础素描是培养画家和设计师的重要手段之一，它的任务是以绘画语言的基本要素为核心规律，对学生进行规范、严格的训练。它所要解决的问题主要有两个方面：一是学生通过对自然的模仿来认识物质世界的规律；二是使学生通过训练以掌握绘画语言的基本要素，学习绘画的表达方式和表现技巧，创造出独立的个性风格，从而建立新的审美观念。这两方面的内容缺一不可。所以，在“素描”课程的基础教学中，如何培养学生正确的观察方法和表现能力，如何发挥学生的个性，培养学生的审美创造力成为教学中的核心问题。

1.1 素描的概念

“素描”从字面意义理解，“素”有朴素之意，“描”为描绘之意，“素描”即朴素的绘画。概括来说素描就是单色描绘；从广义上讲，亦包括东方艺术的线条画。《论语》中早就有了“绘事后素”的记叙，并且进一步指出了彩画与素画的关系：“绘事后素，素以为绚。”在中国古代绘画中，其称为“粉本”，也就是在施彩前的“素稿”。素描的概念来源于西方，它是由近代美术家根据sketch（草图、概略之意）一词意译而来。

现代意义的素描概念是指主要借助于单色线条的组合来表现物象的造型、色调和明暗，对客观事物的形态、结构和特征作朴素表现的绘画形式。

1.2 素描的发展简史

西方“素描”一词在六七百年前的北欧早期绘画中就已出现，最初以单色描绘轮廓和明暗底子再罩上透明的颜色，这种画成的单色明暗底子，在当时就被称为“素描”。15世纪文艺复兴时期的艺术家们又经过提炼、概括和总结，使之逐步成熟，留下了大批优秀的素描作品，同时也形成了一套较完整的用单色描绘物象的程式（图1-1、图1-2）。至16世纪末的意大利，波伦亚画派的卡拉奇兄弟及其学生共同创建了一个画室，后发展成为波伦亚美术学院。西欧学院式的素描教学也由此产生，并逐渐形成了一整套系统的素描教学体系。后来欧洲的其他国家先后创办了美术学院，从此学院式的素描教学替代了中世纪欧洲建立的行会教学的学徒制。直到19世纪，许多国家仍沿用这套方法，而且规定了更加严格的程序，并确立了以明暗造型手法作为基础训练的主要手段，力求达到真实的效果。19世纪末至20世纪初俄罗斯的契斯佳科夫，对学院式的素描教 学进行改革。他抨击了当时学院教学对古典主义作品的摹仿，加强了对专业写生的训练。

图1-1　习作［意］拉斐尔

图1-2　树的习作［意］达·芬奇

俄罗斯的素描教学要求更真实地表现客观对象，提出了比以前更加完整与系统的教学体系。这种素描教学体系在实践中得到了历史的考验，培养了为数不少的知名艺术家。

我国美术教育的素描教学始于 20 世纪初，1902 年清政府在南京北极阁创立了两江优级师范，当时擅长书画的著名学者李瑞清，仿日本学制，把素描正式列入图画课教学内容，成为我国艺术教育发展史上的新起点。1912 年，李叔同从日本留学回国，任两江优级师范图画手工专修科主任教师，开设了“素描”“油画”“水彩”“图案”“西洋美术史”等课程，开创了我国美术教育和高等师范教育的先河。其教学体系沿用了日本侧重造型、强调用线的素描模式，实际上是东洋化的欧洲素描。从民国初年到“五四”运动前后，我国美术教育有了新发展。1912 年刘海粟等人创办了我国第一所美术学校——上海美术专科学校，仿照西方的教学体系，把人体模特写生搬进课堂教学，确立了人体模特在美术教育中的地位和作用，把素描教学推向一个新的阶段。从 19 世纪 20 年代以后，我国去欧洲接受西方教育的学者相继增多，西方素描技法在中国画坛的影响也随之扩大。其中，徐悲鸿对我国素描的发展影响广泛，贡献很大（图 1-3）。他在研究西方艺术精粹，掌握西方造型法则的基础上，结合我国艺术的优良传统，在素描研究上获得了令人钦佩的成就，并提出了素描造型科学教学体系——“新七法”论，奠定了我国素描教学的基础。徐悲鸿认为：“素描的基础，最根本的是在培养正确的观察、分析、综合对象并把它生动地表现出来的能力。”他把“致广大而尽精微，极高明而道中庸”用在素描教学上，创建了科学的美术教学体系。中华人民共和国成立后，在全面学习苏联的口号下引进契斯佳柯夫的教学体系（它源自欧洲的古典主义，另有俄罗斯的特点），对我国素描教学的提高，起了一定的促进作用。但是过分强调客观对象的真实性，妨碍了艺术表现的主观能动性，有非常浓重的自然主义色彩，造成了僵化单一的局面。自20世纪80年代以来，我国美术领域呈现出一片生机。越来越全面的中西绘画交流为国人打开了中、外美术素描的集锦，供人们尽情赏析中、外素描的精品。这些作品风格多样、手法各异，无论从内容、形式还是表现技法上，都使我们感到素描仍在日趋繁荣、不断发展。

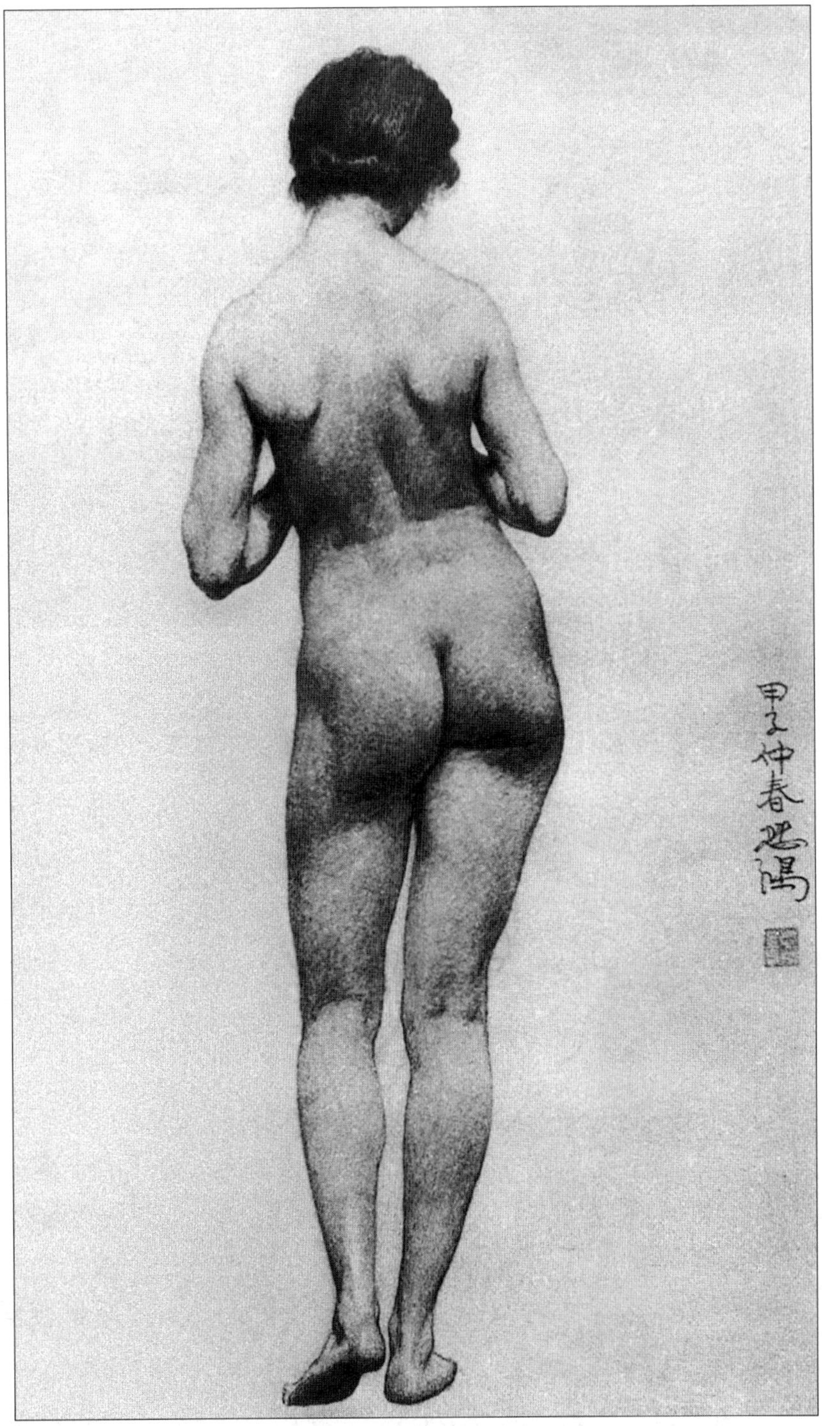

图1-3 女人体 徐悲鸿

1.3 素描的表现形式

素描是一切视觉艺术的基础，有着广泛的表现范畴；素描过程是一种认识过程，在徒手素描的感觉和经验中，发展了人的视觉敏感性，以及对形式、节奏及抽象感觉的区别能力。它能表现体积、空间、深度、材质和动作，是画家主观精神的外在体现。素描也是设计师必备的专业设计表现技能，是表达设计创意、收集设计素材、交流设计方案的手段和语言。

素描按其表现手法可以分为：以研究和表现物象形体结构为中心，以线为主要表现手段的结构素描；以兼顾形体结构关系、空间关系、明暗关系、质感关系的研究和表现，以光影明暗为主要表现手段的光影素描（图1-4）；以及将上述两者有机结合、综合运用的线面结合素描（图1-5）；以简洁概括的手法为主，在较短时间内以培养观察能力、记忆能力、艺术概括能力为主要目的的速写（图1-6）四大类形式。

1.4 素描与园林设计的关系

素描是绘画造型艺术的基础，它的重要性有目共睹。素描是画家对客观世界从感性认知到理性研究，感性与理性互动，全面把握对象并通过素描语言再现

图1–4　静物（以光影明暗为主的光影素描）［西班牙］布雷洛

图1–5　带头盔武士像（线面结合的素描）［意］达·芬奇

图1–6　人物速写［德］丢勒

对象的过程。素描教学是视觉艺术的重要基础课程，通过“素描”课的教学与训练，使学生掌握正确的观察方法和表现方法，并逐步提高自己的造型能力和审美素质。素描作为培养学生造型基础能力的重要手段，一直是美术院校（包括艺术设计类院校，以及艺术设计类专业）必修的一门重要基础课，这早已成为共识。

作为园林设计专业的素描教学，其目的如下：第一，素描能够训练初学者的造型能力。第二，在提高造型能力的同时，素描学习还可以提高初学者的审美意识和对视觉语言的认知能力。第三，素描可独立表现园林设计师的设计意图。第四，素描是园林设计师收集素材、记录形象、为园林设计创作做好准备工作的主要手段。其最终的目的是为园林设计打下良好的基础。由于设计与绘画在本质上是两类不同的学科，所以园林素描所肩负的一个最大任务是，在有目的培养学生动手能力的同时，训练学生的思维方式，尤其对理工科学生而言，让他们从习惯的逻辑思维转到形象思维上来，并且从东方人特有的二维空间形象思维转到三度空间形象思维上来，甚至让他们从过去具象的思维方式转换到抽象设计思维方式上来。

第2章

素描基础

2.1 素描的材料、工具及运用

2.1.1 材料、工具介绍

2.1.1.1 笔的种类

进行素描练习可选用的笔的种类很多，包括铅笔、炭笔、炭精条、木炭条、钢笔等。一般以铅笔为主。

铅笔　其柔韧性好、易于修改、色阶长、变化大，能精细刻画，也可渲染大调子，特别是线条清晰明确，在长期作业中能发挥其精确造型的长处。铅笔可分为软质铅笔和硬质铅笔两类。软质铅笔一般指2B型到6B型之间，硬质铅笔一般指HB型到6H型之间，其中6B最软，6H最硬。HB型是中性铅质，适于刻画精细清晰的形象和中间层次。通常在软质笔线条上画稍硬质铅笔线，附着力较强；反之则滑腻，还容易产生很脏的斑点。铅笔线条颜色的深浅与笔芯软硬有关；同时，也与用笔力量的轻重有关系。

炭笔　它的最大特点是黑度大，可以画出黑白对比十分强烈的作品。因为是由炭粉加工而成的，所以较铅笔更松脆，与纸张的摩擦力强，线条与笔触都能产生较强的力度感。炭笔与铅笔的形式相同，也比较容易控制。

炭精条　它与炭笔的质料基本相同，优点是可以大面积地接触纸面，适合画较大幅的作品或处理大的块面；另外，它的质地较硬，可以削尖后画比较细致的部分。

木炭条　这是用原木烧制而成，与其他几种材料相比，木炭条的表现力最强，自由度很大，黑度可以很重。炭化后原木质地十分细腻，能在纸面上留下微妙的灰色调子，同时也可以画出变化多端的线条。

钢笔　其作为素描工具有着自身的局限性，不能画出深浅变化的线条，明暗色调则需靠组织疏密不同的线来表现，不易做大面积涂抹。因其携带方便，常用来画速写或较小幅的素描作品。

除此以外，还可以选择毛笔进行素描绘画。

初学阶段，通常要求学生使用绘图铅笔。

2.1.1.2 纸的种类

除了笔以外，纸的软硬、粗细、颜色也会影响素描的效果，一般来说素描纸不应太软，需质地坚实、纸面略粗为适宜，不宜太光滑。画较长期的素描，纸张应有一定厚度。纸色除白色外，还有其他淡色纸。

铅笔画、炭笔用纸　一般应以纸质密实、纸面纹理较粗糙者为好。纸质密实，能多次擦拭修改，不易起毛，不留笔道痕迹；纹理较粗糙，易显现线条笔触及深浅轻重的色调变化，利于深入刻画形象。初学素描，使用商店出售的素描纸最好，只要质地坚实平整，对铅笔和橡皮有一定承受力而不致“起毛”或产生铅笔划痕即可。

炭笔、炭精条、木炭条用纸　一般宜选用质地稍粗而具有一定韧性的纸，如宣纸、毛边纸、包装纸等。

钢笔素描用纸　它没有专门的用纸，一般宜选纸质密实，有韧性，纸面纹理不宜太粗糙的纸，如新闻纸、绘图纸等。

2.1.1.3 辅助工具

（1）橡皮

橡皮有塑料橡皮、绘图橡皮和可塑橡胶橡皮3种，特点是质地柔软而富有弹性，既能擦掉笔迹，又不损伤画面。若以炭笔、炭精条、木炭条作画，可用馒头心、面包心揉成团状，代替橡皮使用。

塑料材质的白橡皮　性质柔软，清除纸面铅笔粉最彻底，又不损伤纸面。正因如此，有时使用会产生强烈的破损感，或把铅笔粉涂腻而变黑（尤其在光面纸上）。

绘图橡皮　擦拭效果柔和。因其擦拭铅笔粉不甚彻底，留有不同的色调，画家常常利用该特性以使画面产生丰富的中间层次。

可塑橡胶橡皮　极柔软，绝不损伤纸面，较白橡皮更适于大面积涂擦，特别是调整画面大体色调的层次时最得力。

橡皮不仅仅是清洗画面的工具，若巧妙使用也可以作为一种与铅笔互补的绘画手段，犹如色彩画中的冷暖补色的作用，一加一减，使画面逐步呈现完美的造型和恰当的色调。

（2）纸笔

用质地柔软而韧性较强的纸（毛边纸、宣纸），卷成松紧适度的纸卷，外层用图画纸黏牢，将其一端削成笔状，可做“纸笔”使用。或准备一块质地柔软而薄的布，其用途介于橡皮和纸笔之间，也是作画的一种辅助工具。

（3）画板

静物和石膏像写生画板，也可选择规格比四开画纸稍大、板面平滑、质地柔和的椴木三合板，但其容易变形，必须加框带后使用。商店的绘画图板最理想，如需随身携带，也可用中号画夹。

（4）其他工具

图钉、大头钉、胶带等是画素描固定画纸时常用的固定构件。画纸需用图钉钉平在画板上，若画长期作业，最好用胶带纸裱在板面上。其方法是将画纸裁好，正面轻刷少量水使画纸潮匀；然后在纸背周边涂1cm宽的白乳胶，平放于画板上，用另一张纸垫在纸面上，轻轻用手按平；待干后，纸面平整如板。习作完成时，用小刀沿纸边裁下，即可得一幅素描画。

画架是学生进行素描写生训练时，支撑画板的构件。其构架为三角支架，二脚在前，一脚在后稍长，这样使画板不致过于倾斜，其角度以与地面呈80°为宜。

刀是素描过程中，对于铅笔、橡皮进行修理的工具。

定画液是用来固定画面效果，使素描能够长期保存的化学药品。定画液用酒精溶化松香制成，均匀地喷在画面上，固定铅笔色或炭粉。此种液体也可用发胶代替。

2.1.2 工具的使用方法

2.1.2.1 笔的使用

（1）执笔

素描的执笔方法应以方便使用，能充分发挥笔的表现作用为原则。一般的执笔方法有以下两种。

斜握法　有如握钢笔写字那样，也可将小指或小指关节顶住画面作为支撑点。还可根据需要调整笔与画面的角度，便于刻画细部或画小面积色调。斜握法易于掌握，但运笔范围受到一定局限（图2-1）。

横握法　握笔时手掌要倾斜向上，用拇指和食指捏住笔杆，用中指抵住铅笔，笔杆横向手心，无名指、小指只起辅助作用（图2-2）。横握执笔主要以手腕以至手臂带动运笔。同时能自由地伸开手臂作画，便于把握整体效果，且可以方便自如地调整笔与画面的角度，既可刻画细部，又可迅速而流畅地画出大面积色调。使用铅笔、炭笔、炭精条、木炭条作画，多采用

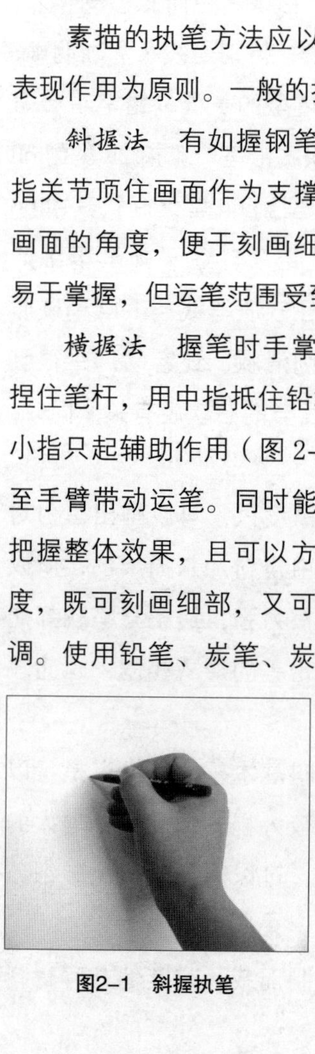

图2-1　斜握执笔

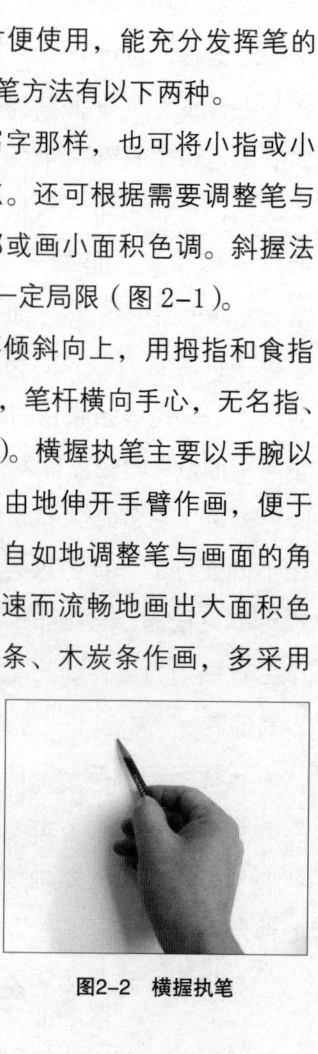

图2-2　横握执笔

横握执笔法。

（2）用笔

对于初学者来说，根据表现对象的要求，首先必须注意造型的准确性，也要掌握绘画用笔用线的技巧。画直线之前必须明确在什么地方和怎样来画这条线，目测好线路以后，迅速挥动手腕，一笔把线条的长度画完。画线条时，不要把眼睛盯在铅笔尖上，而要跟在铅笔所画的点上，不要把它擦掉，而是并排地再画一条直线，线条不应过分重复，以免死板。开始作画时应当用轻的、较淡的线条画轮廓，以后逐步加深，经过长期的训练与实践，才能做到准确、自如、得心应手。画横线时的用笔方向，应当从左到右。画竖线时的用笔方向，应当从上往下。画轮廓时，执笔可运用自如。画大体明暗以及平涂时，应使线条密集平淡，若需深一些，只要把手移近笔尖即可。

（3）用笔要点

掌握正确的运笔方法 要学会以手指、手腕、手臂不同部位的力量运笔（图2-3）。特别是要掌握以轻重不同的腕力带动运笔的技巧，画出或实或虚、或刚或柔、气韵贯通、富于表现的线条，以适应造型的需要。

掌握用笔的软硬类型 用笔软硬还应符合作画过程各阶段的要求。一般来讲，打轮廓应使用较软的铅笔，用力稍轻，以便修改。画大面积色调应以较软的铅笔打底色，再用较硬的铅笔深入刻画，使不同软硬的铅笔线条自然结合，色调表现丰富协调，细部刻画坚实具体。使用软铅笔画色调特别是暗部色调，要分层涂色，留有余地，切忌过分用力“一次到位”。

图2-3 刻画细节时小拇指可以做一定支撑

掌握笔迹效果 铅笔的笔迹效果，是塑造形体和构成造型形式的重要因素，细部刻画的线条笔迹，应力求明快、自然而有力度感。大面积色调的线条笔迹，应力求随意自如，流畅有力。线条的组织可斜向排列、水平排列、垂直排列、圆弧排列、交叉排列。但是线条交叉的角度不宜太大，方向变化不宜太多，行笔速度要均匀，衔接要自然。要善于运用轻重不同的腕力和用笔变化控制笔迹效果，以准确生动地表现客观物象（图2-4至图2-6）。

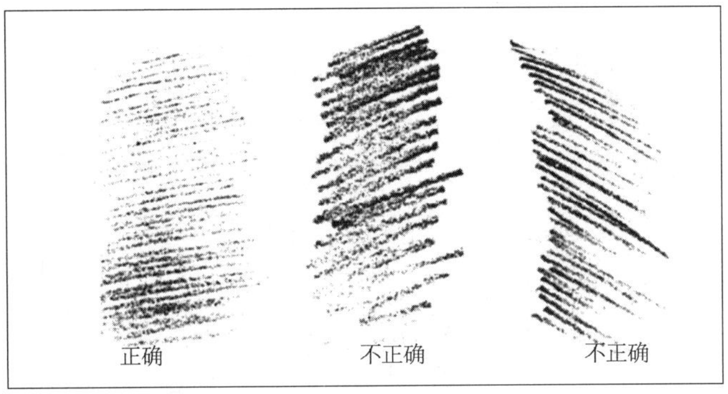

图2-4 用笔

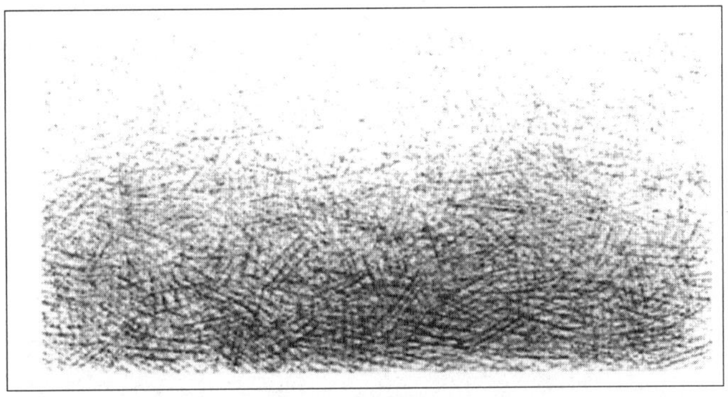

图2-5 短线条练习

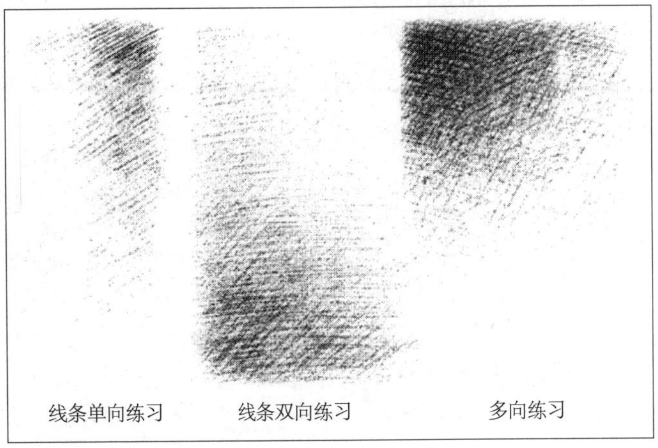

图2-6 线条练习

2.1.2.2 辅助工具的使用

（1）橡皮的使用

橡皮是修改画面，去掉画面污迹的工具。使用中应注意保持橡皮干净，以免橡皮黏上的笔粉弄污画面。橡皮也可作为造型工具，将“实”的地方擦“虚”，将暗部色调“黏”亮。将橡皮切成三角形使用并控制用力的大小，可以使擦痕构成或轻或重、或窄或宽富于变化的“笔触”，产生铅笔笔迹达不到的特殊效果。

（2）纸笔的使用

纸笔一般用于表现布纹、玻璃、金属等物的光泽质感，也可按照物象的结构、块面使用纸笔统一色调。纸笔运用适当，能加强空间和质感的表现，使画面产生十分丰富的层次和柔和润泽的效果。使用薄而柔软的擦布轻轻拍打画面，可减弱画面过重的色调，轻轻擦抹可减弱过分跳动的色块、线条或细节，以加强整体感、丰富空间层次。

（3）画板的使用与作画姿势

作画时，画者与画板之间一般为一臂的距离，这样不仅能使手臂运笔方便自如，又便于全面观察画面，抓住整体。画者视点与画面的连线应与画板角度保持垂直。作画者与被写生对象之间要有一定距离，两者相隔至少为对象本身高度的两倍。作画时无论立或坐，躯干要保持垂直，手臂伸直，手腕悬空，不能俯身在画板上。正确的作画姿势便于用笔，眼睛又能全面观察，使画面一目了然（图2-7至图2-9）。

2.1.3 材料与画面

不同材料的灵活使用会使画面产生意想不到的效果。不同材料的肌理、层次、体量感、外在表面的张力等感觉是不同的，给人以不同视觉感触、刺激和满足；同一形象运用不同的材料，也会产生不同的视觉效果，在具体操作过程中，有着不同的视觉体验，同时，完成的效果也很新鲜，这是设计个体物质化表现的拓展（图2-10）。

2.2 素描的观察方法与表现形式

2.2.1 比例确定与测量

比例是造型中量化的因素，是指物体本身和物体之间的长短、大小对比。要正确画出物体的形状与周围物体的关系离不开比例。它包含着同类造型因素之间量的比较所形成的和谐关系。要正确表明物体比例关系的有效方法，首先是确立物体高与宽的大比例，

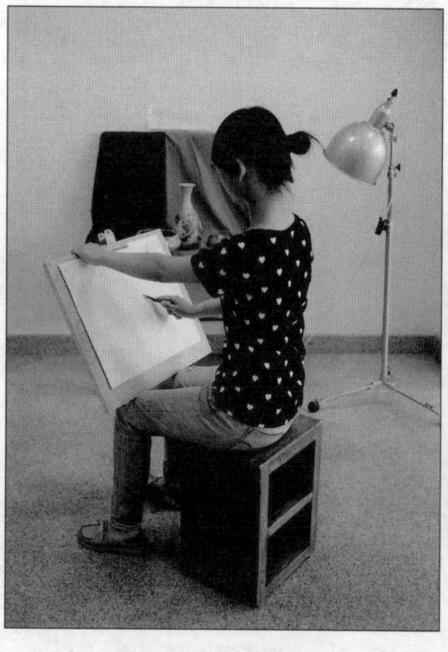

图2-7 坐姿手持画板

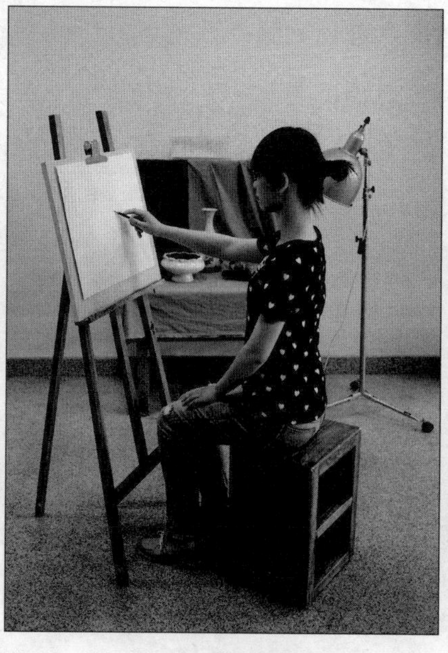

图2-8 坐姿使用画架

图2-9 站姿使用画架

图2-10 风景素描 自制淡棕底色、炭笔、白色水粉 苏里科夫

而后依次比较小比例。这样由大到小、由小到大反复比较和检查，做到有错必纠，不厌其烦，则可确定任何复杂的比例关系。

无论画什么，准确的形体是一个好的基础，掌握测量比例，有助于画出所要表达的形体。画一个物体时，可先用铅笔量出它的宽度，然后用宽度来测量它的高度，看看宽度占高度的几分之几，知道了宽度与高度的比例，就能正确地画出物体的形。测量的方法是闭起左眼，手臂伸直，用铅笔量出物体的高度在铅笔上的位置，如图2-11所示，宽度的测量以此类推（图2-12）。不仅画静物如此，画建筑物也可以用测量法去了解它各部分的比例和斜度，画房顶的斜度时，可用笔比一比，看它和水平线或垂直线呈多大斜度；也可以根据它所形成的斜度移到画面上；还可将铅笔水平放着去比一比，看倾斜角度有多大，这样就可以依照其斜度或角度，正确地画在画面上。

有三点必须注意：①测量时，手臂要伸直，量高和宽时应站在同一位置，若移动位置，比例就不正确了。②量高时铅笔应垂直，量斜度时铅笔移到画面的斜度，应与原来量的斜度一样。③不能过分依赖量比例法，主要还要用目测来锻炼眼睛的观察能力和准确力。

2.2.2 观察与理解

观察的过程是画者对物体直接的感受过程，开始观察对象时，首先由个人最初的感觉开始，通过理解，逐步提高认识，在认识和表现过程中，观察感受和理解辩证统一地贯穿每一个阶段，随着作画的深入，二者互相促进，其中以感觉为基础，包括最初的认识与通过理解和实践过程中所深化了的感觉。因此，所表现出来的应该是深化了的感觉。感觉越敏锐，理解越深入，画出来越真实。但感觉的深化必须以作画实践和正确观察方法为基础，不可能仅仅通过初步观察便一挥而就，必须在实践中逐渐深入，不断补充修正。对初学者而言，无论采用何种表现方法，正确地认识对象是造型的基础，提高观察力是基础素描训练的基

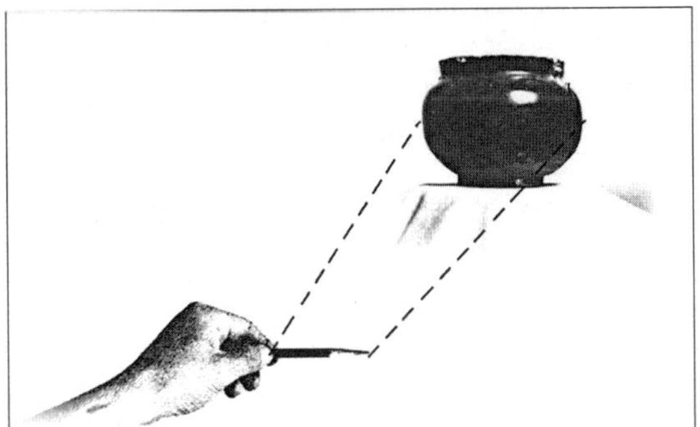

图2-11 高度的测量

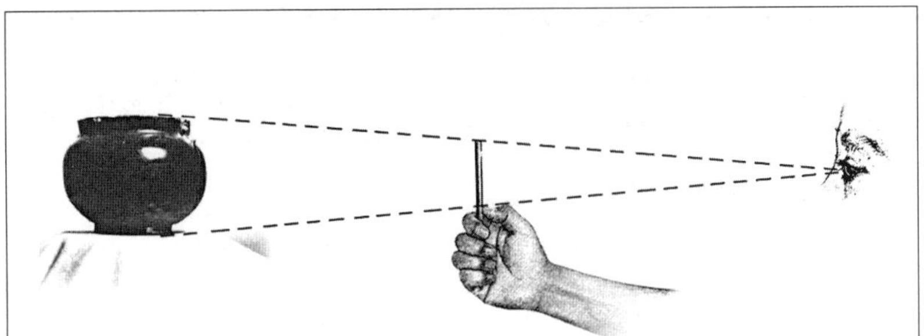

图2-12 宽度的测量

本任务之一。掌握正确的观察方法是提高观察力的重要途径。

素描写生的观察方法要点如下。

（1）整体观察

整体观察是科学观察方法的核心。局部是整体的一部分，受整体的制约。从整体出发进行观察，才能获得包括结构关系、体面关系、比例关系、明暗关系、空间及透视关系等在内的各种关系的正确认识，这样才能更准确地把握局部，更完整地认识整体。整体观察要从整体着眼，从整体着手。素描造型初学者最易犯的毛病就是从局部着眼，局部着手，以至造成形体、结构、比例、色调、透视等方面的错误。局部观察的方法将严重阻碍认识能力的发展，阻碍造型能力的提高。为了整体观察，把握整体，我们可以对物象作上下、左右、前后全方位观察，甚至还可以通过触摸的方法去感知对象，以获得整体的立体印象。

（2）比较观察

没有比较就没有鉴别。对于整体来讲，局部与局部之间，整体与局部之间，是相互依存、相互制约、密切联系的。为了准确把握整体与局部的这种依存与制约的密切联系，就必须通过比较。例如，画此形体比例时，联系彼形体比例进行观察；画局部色调时，联系明暗关系进行观察等。这就是比较观察，它是整体观察的具体方法，也是整体观察的补充和深化。

比较观察包括：①要整体比较。即比较要从整体出发，局部与整体比较，在整体的制约下进行局部与局部比较。离开整体去进行比较，往往会“差之毫厘而失之千里”。②要全面比较。即要根据素描造型的要求，对表现物象结构与形体的各种关系，进行全面的比较。③要反复比较。即要将比较贯穿于素描造型的始终，随着造型程序的推进将比较引向深入。

（3）本质观察

素描造型的方法各有不同，造型的表现手段与形式也多种多样。但是，结构与形体始终是素描造型的本质。因此，必须牢固地树立结构与形体的概念，紧紧把握结构与形体这一本质的不变的因素，去观察、分析反映于物象外部的各种关系，这就是本质观察。例如，通过观察、分析，准确把握形体的外轮廓与内轮廓（结构线）的关系；形体明暗色调的变化与形体体面的关系；形体的透视缩形及形体体面的围合与形体结构的关系等。

总之，观察是整体的观察，不是局部的、孤立的、表面的观察，只有这样才能获得对客观物象的正确认识。这是素描造型的前提，是准确地再现客观物象的基础。

2.2.3 透视

物体距离人们远近位置的不同，会在视觉中引起不同的反映，即便本来大小相同，宽度一样的物体，也会因距离不同而呈现近大远小的现象。这种形状的变化，就是透视规律的反映。

2.2.3.1 透视的定义和构成要素

“透视”是一门学科。在绘画艺术中，它是指在画幅的平面上，研究如何将看到的物体表现为立体的，并呈现出空间关系的一种绘画方法。在研究绘画透视的过程中，必须具备3个要素：眼睛（作画者）、物体、画面，三者之间的关系决定了画面透视的最后效果。

2.2.3.2 透视的基本术语（图2–13）

立点 是指绘画者在观看物体时所站立的位置，该点是静止状态下的点。

视点 画者观看物体时眼睛所在位置。

视高 视点到地面的垂直距离。

视域 视点固定所能看到的范围称为可见视域。

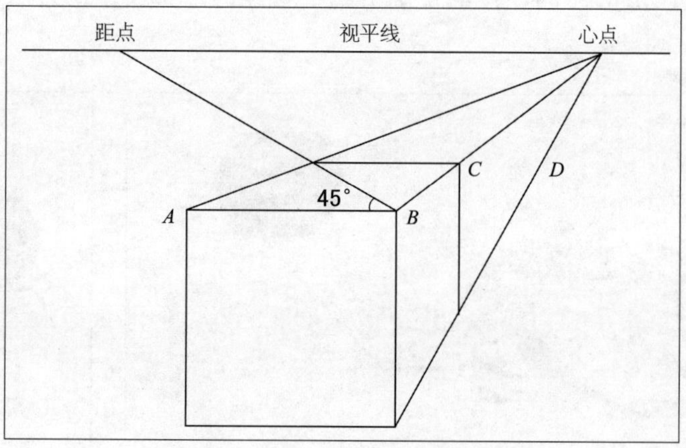

图2–13 正方体平行透视距点示意图

视域最大范围一般在视角 170° 左右；在 60° 左右视角的视域内看物体比较清晰，称为舒适视域。

中视线　从眼睛看出的无数视线中，与瞳孔平面垂直的一条视线叫中视线。由于中视线是目光专视的方向，所以中视线又称为视向。

视平线　绘画者正前方视点即与眼睛等高的一条水平线。在正视情况下，视平线与地平线是重合一致的。

心点（主点）　眼睛正视前方，与画面垂直相交的点叫心点。它是视点在画面上的反映，也是视点高低位置在画面上的反映。当物体有一个面与画面平行时，与画面呈直角的直线都向心点集中消失。该心点又称为 90° 灭点。

余点（灭点）　物体中不与画面平行的同组线条在画面上消失的点叫作余点。

距点　物体与地面平行，与画面呈 45° 角的直线，消失在视平线上的点称为距点。通过距点能求出透视面的深度（图 2-14）。

天点　物体的平行线相交于视平线以上的余点称作天点。

地点　物体的平行线相交于视平线以下的余点称作地点。

测点　物体与地面构成角度时，物体两条边延伸与视平线相交于余点，余点到视点的距离为半径画弧线与视平线相交之点为测点。该点是求物体透视面深度的辅助点。

2.2.3.3　透视的基本规律

（1）平行透视

立方体中有一组平面与画面平行，另一组则和画面呈直角的透视，称为平行透视。平行透视只有一个消失点，所以称为一点透视（图 2-15）。

（2）成角透视

当立方体与地面保持垂直，与画面呈角度时，这种透视称为成角透视。成角透视因向两边消失而形成两个消失点，所以又称为两点透视（图 2-16）。

（3）圆面、圆柱体与圆球体的透视变化规律

圆面、圆柱体、圆球体因形体结构不同，其透视变化既有联系，又有差异。

圆面的透视变化　透视变形后的圆面形状为椭圆形。分成两部分，近的部分略大，远的部分略小。最

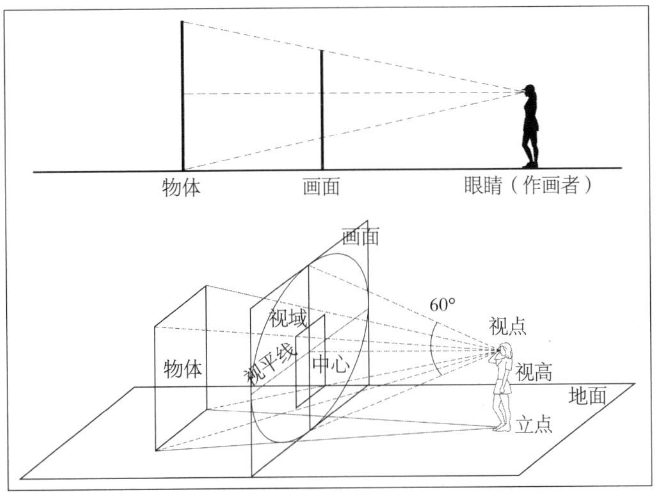

图2-14　透视基本关系示意图

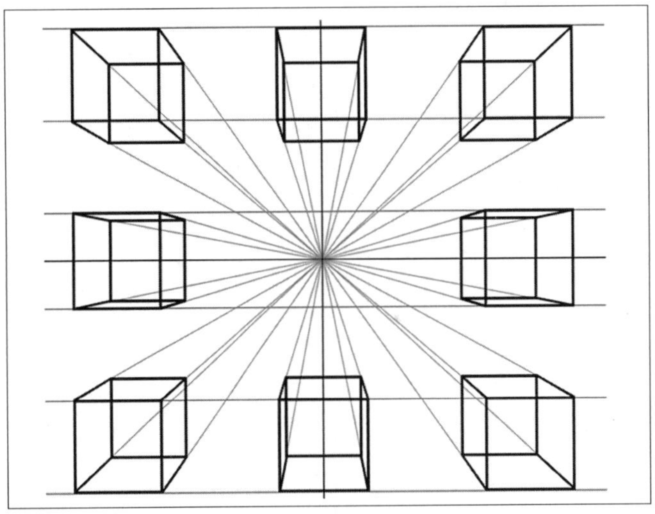

图2-15　平行透视

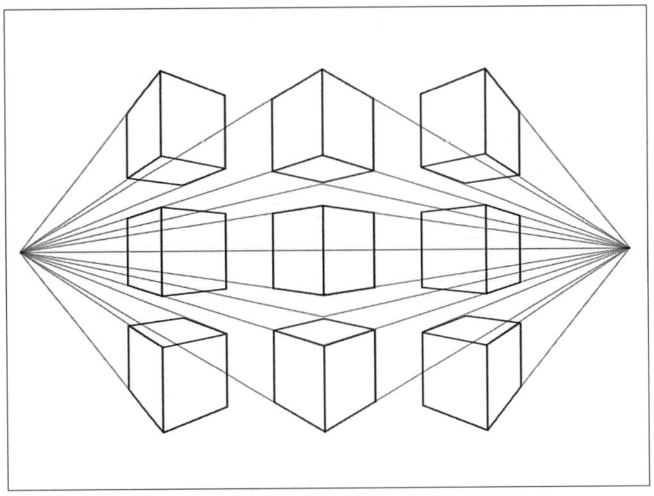

图2-16　成角透视

短直径的近处半径略长，远处半径略短。不论何种状态下的圆，只要先画出相应的方形的透视状态，即可画出相同状态下的圆形透视（图 2-17）。

与地面和画面垂直的圆，其位置越接近视平线，透视缩形变化也越大。与画面平行的圆，无论远近都保持圆形，只有近大远小的变化（图 2-18）。

圆柱体的透视变化　圆柱体两个圆面的曲度变化是离视点近的曲度小，离视点远的曲度大（图 2-19、图 2-20）。

圆球体的透视变化　圆球体的球心到体面任意一点的距离都相等，因此从任何角度观察都不产生透视缩形变化。圆球体的透视变化主要表现在轮廓线以内的体面，具体地表现在明暗交界线。随着光源角度的变化，明暗交界线产生不同的倾角透视，越接近轮廓线其弯曲越大。

（4）斜面透视

物体有一个平面同时与地面和画面呈倾斜角度。斜面因仰视、俯视角度不同，其消失点分别在视平线以上的天点上，或视平线下面的地点上。

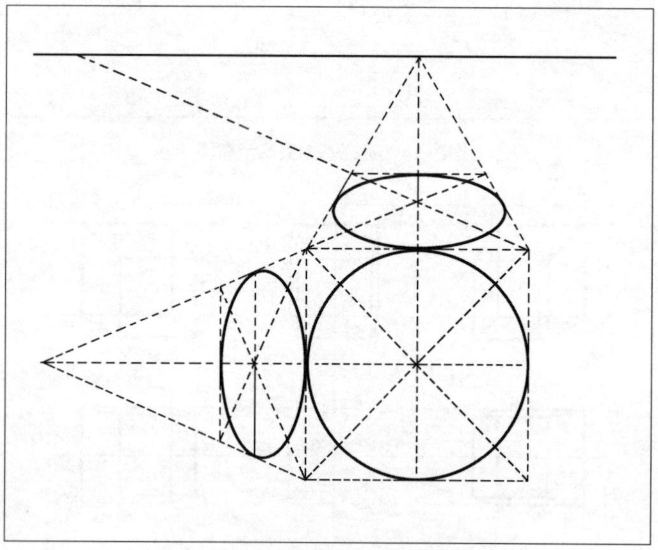

图2-17　正方体面与圆面的透视

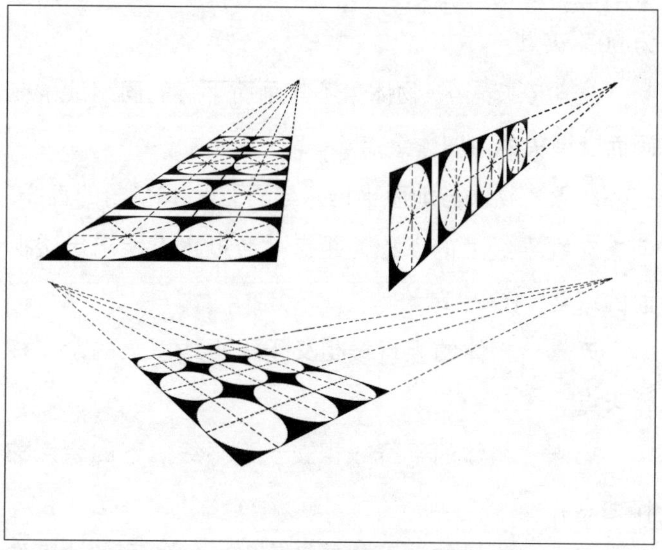

图2-18　圆面的透视

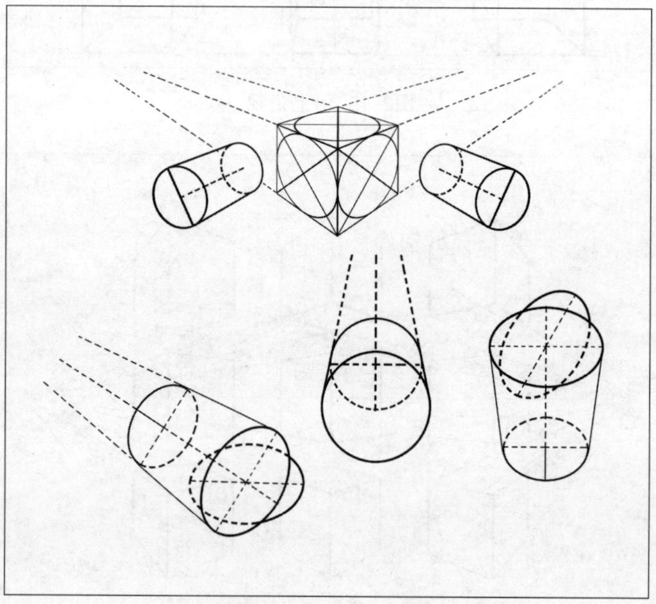

图2-19　圆柱体的透视

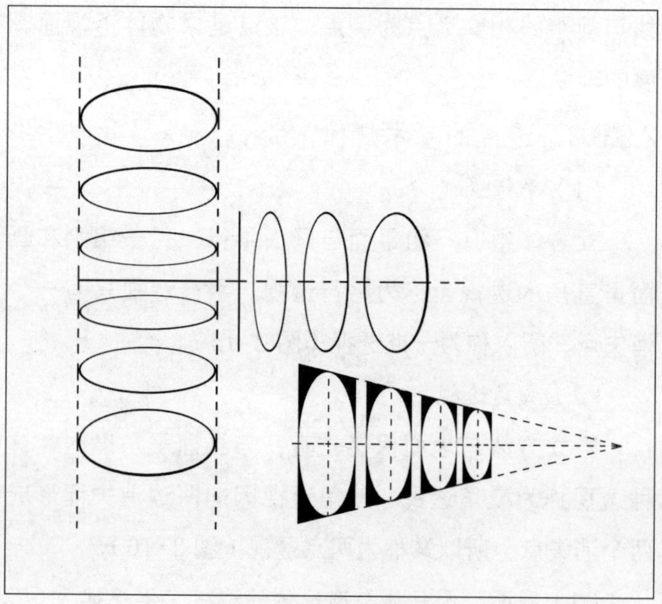

图2-20　圆柱体的透视

2.2.4 结构与构成

2.2.4.1 平面和立体

形，是指物象的形状，在现实生活中，物象不论多么复杂都是由三种基本形体组成的，即方形、圆形和三角形。从绘画角度上来分析，形是指物象的轮廓特征。方形可分为长方形、正方形；圆形可分为正圆形、椭圆形；三角形可分为长三角形、正三角形。虽然在现实中很难遇到这样标准的物体，但是所有的物象都是从这些基本形中演变而得来的。

体，是指物象的体积。任何物体都由高度、宽度和深度组成，即所谓三度空间。从艺术角度上来分析，体是指物象占有三维形式空间的特征。

在实际生活中，平面和立体都不难理解，比如，一堵墙是立体的，而墙面则是平面的。人们将那些以长、宽、高三维形式占有空间的物体，称为立体；如果只在长和宽两个方面上占有空间就是平面。体积和三度空间是物体最基本的特征。通常意义的“绘画”，一般都是在平面上展开的，二维的空间在没有画之前就已经存在。绘画者需要做的，是将他所看到的三维的、立体的形象，概括、简化成一个二维的平面的形象，正好与画的平面相吻合。平面化的表现方式主要是表现形象的轮廓。尽管这种由三维变为二维，需要选择和提炼所画的对象，但人类似乎天生就具备这样的能力，看看那些儿童画或民间绘画就会得到证实。从严格意义上来讲，自然界的所有物体都有体积，都以立体的方式存在，即使是一张很薄的纸，也有一定的厚度。因此，我们说平面和立体只是相对而言，没有一条绝对的分界线，绘画中所表现的东西，也都具有一种象征和标志化的意义，就是把立体的形象转化成平面来表现，也就是把二维的形象想象在一个三维的空间之中。

球体是由正方体逐步削去尖角得来的，也可理解为圆形围绕中心点旋转得来的；圆柱体是由长方形逐步削去尖角得来的，可理解为长方形围绕的中心线旋转得来的，可理解为圆形沿着其垂直方向水平排列或拉伸而形成的；圆锥体是由等腰三角形围绕中心点旋转得来的；长方体也可以削切演化成方锥体和圆锥体，同时也可以演化成立方体和其他形体。因此只有正确理解形体，才能养成立体观察和描绘客观对象基本特征的习惯。

如图 2-21 至图 2-25 所示。

2.2.4.2 几何形体的基本结构分析

正方体　是由 6 个正方形的面构成的。

长方体　是由 4 个长方形的面和 2 个正方形的面构成的。

三角体　是由 4 个等腰三角形和 1 个正方形的底面构成的。

圆柱体　是由无数个同直径的轴心圆的切面构成的。

圆锥体　是由无数个同一轴心的从小到大的圆的切面构成的。

复杂形体　是由 1 个长方体和 1 个等腰三角体构成的。

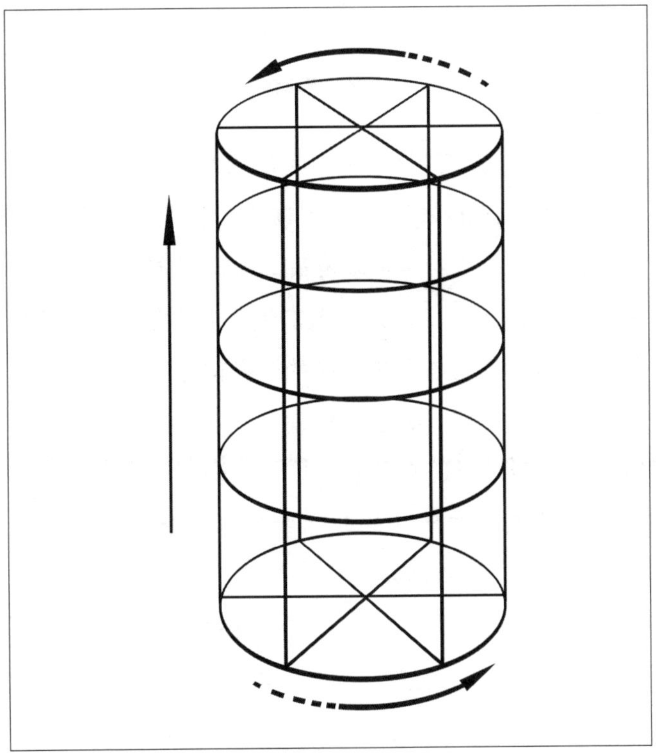

图2-21　拉伸与形体的关系

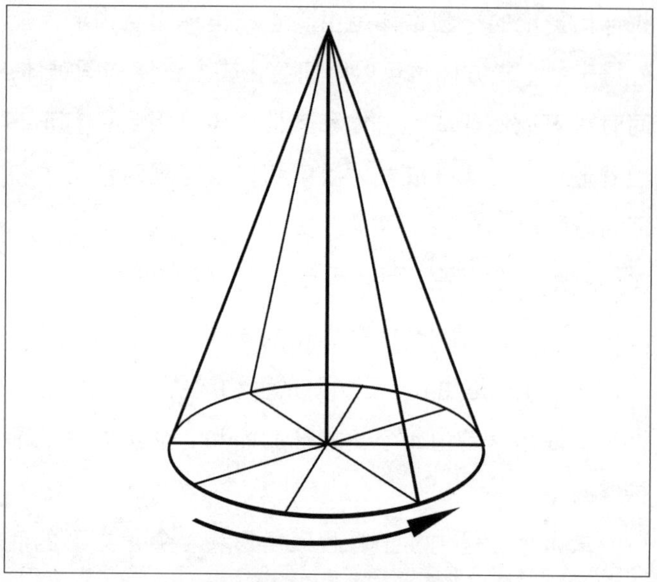

图2-22　平旋转与形体的关系

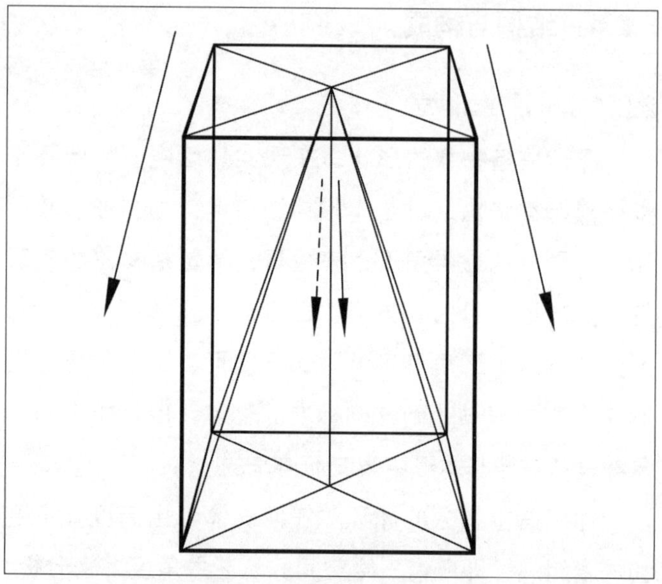

图2-23　削切与形体的关系

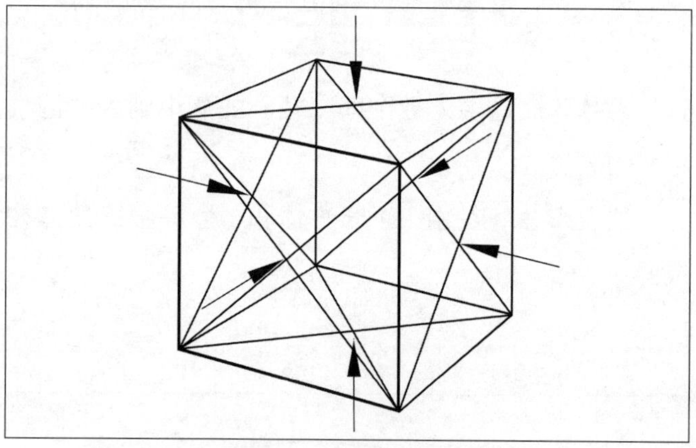

图2-24　结合与形体的关系

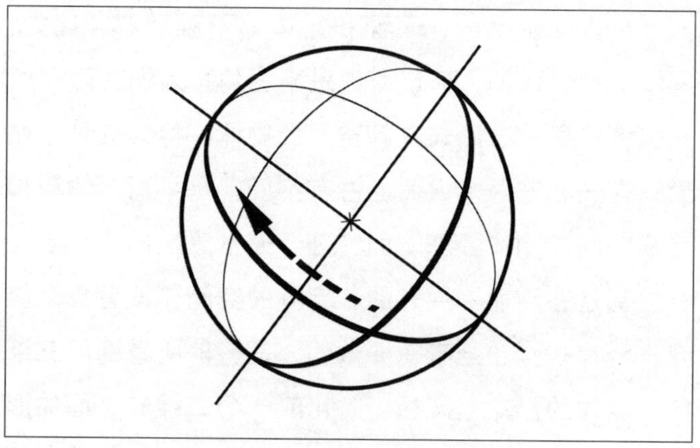

图2-25　斜旋转与形体的关系

2.2.4.3　石膏几何形体写生的目的与意义

白色几何形体被认为是训练素描基本功的最好对象，几何形体结构清晰准确，整体完整，富于概括性（图2-26至图2-31）。通常生活中的各种物体的形实际也都是由这些形体构成的，宇宙万物的形体，看起来似千差万别，实际上都是基本形体的复化、变形和组合，都可以还原为基本形体来理解和观察。这样就容易掌握其大形体的基本特征，突出立体感和结构性。

世界万物都是由几何形体构成的，而这些形体的结构、明暗，都是描绘现实对象结构、明暗的基础。因此，描绘好这些物体就掌握了绘画造型中的最基本的元素。

基本形体这一课题，主要是为了研究造型的基本规律、结构规律、透视规律、明暗规律，以及由此产生的表现手段上的线条和调子的变化规律。而就是这些白色的石膏几何形体，在固定的光源下，静止形态，色质单纯而朴素，为我们提供了从容进行分析研究，在画面上反复推敲和修改的机会。我们所讲到的几何形体是物象的基本形体构成。它们是很规则的、对称的，所以呈现出来的规律性最为单纯、明确、体积清晰、透视变化分明；因而易于识别和掌握，适于基本功的严格要求，从此开始逐渐由简易到繁缛，由繁缛到精练。

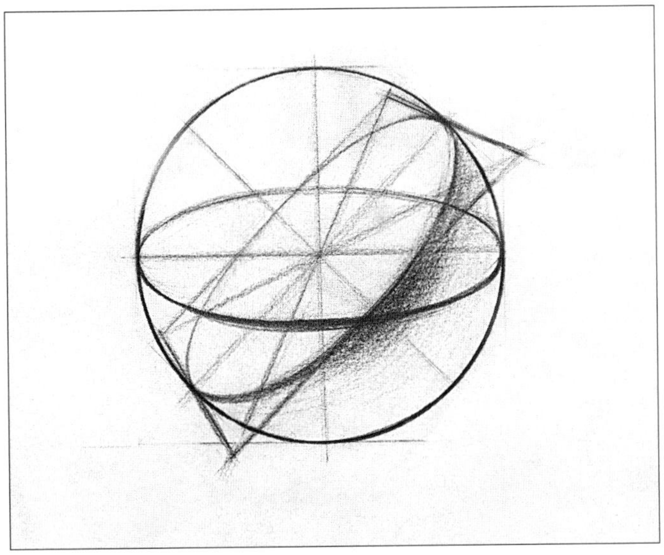

图2-26　球体

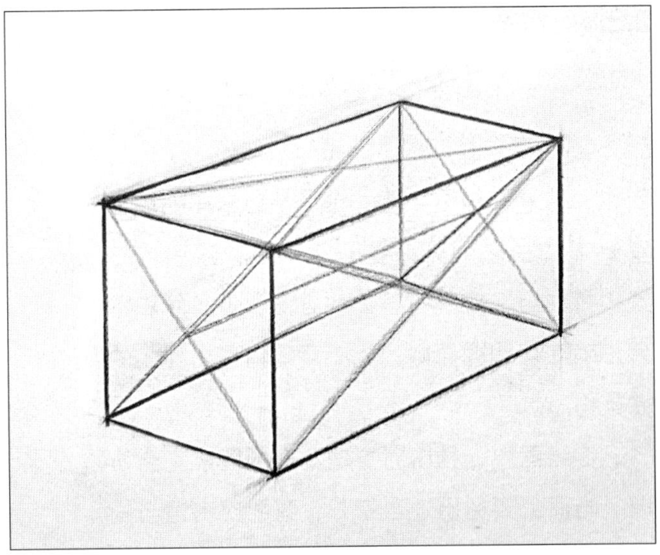

图2-27　长方体

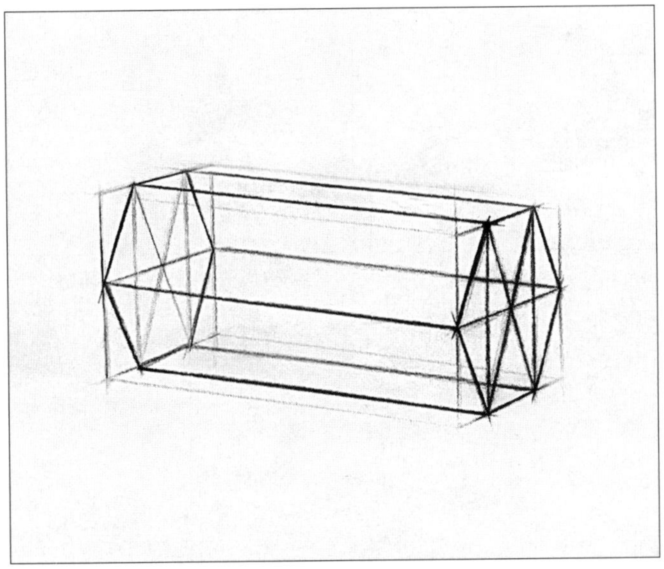

图2-28　六棱柱体

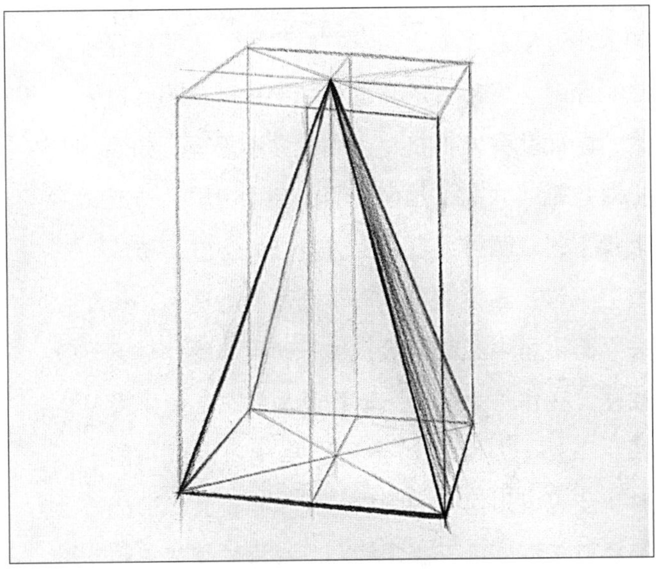

图2-29　方形棱锥体

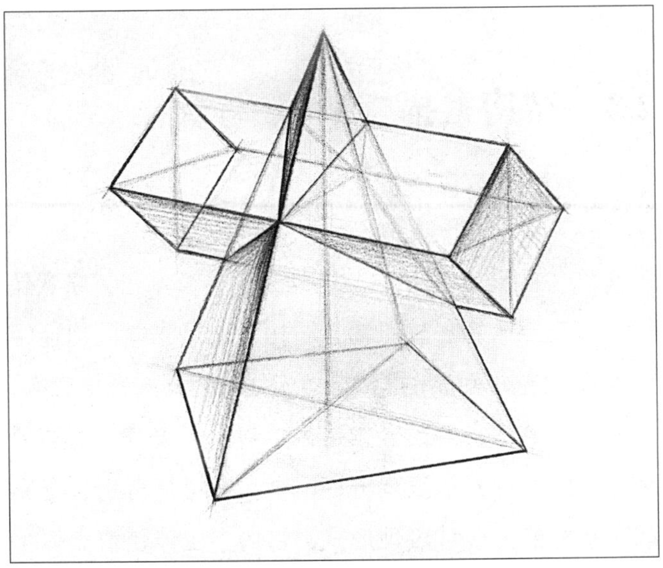

图2-30　方柱棱锥组合体

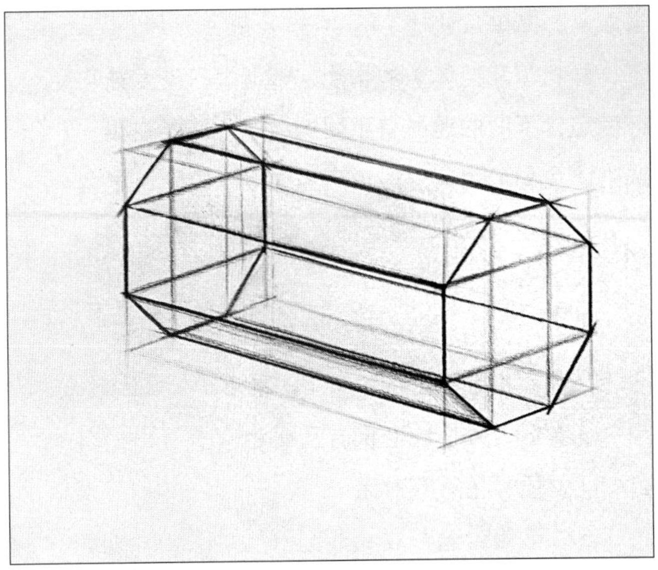

图2-31　八棱柱体

2.2.5 构图

构图在中国画论中称为“经营位置”，在西方其词源于拉丁文“composioion”，原意是创作、布置、构造之意。这是指艺术作品的基本要素和主要部分，经一定系统和顺序的布置，将其组织成统一整体的方法。不了解和不会正确使用构图原则，就不可能体现出作品的完美构思。

在绘画中，构图时要使所有的因素完全协调，画面上要留出适当空隙，还要空出适当的边框，不应过满。通俗讲构图就是把描绘的内容安排合理适当，就是确定所画对象在画幅中的大小、前后、上下、左右的位置。构图往往是画家对艺术感受的体现，如果把对象画得过大，画面就会太拥挤；太小就会不紧凑。如果把对象画得太高，画面下面就会太空旷，造成上重下轻；画得太低，上方就会太空虚，造成上空下重。画得偏左偏右，画面就不稳定，失去平衡；居中又太呆板，过于四平八稳，缺乏动感。在作画之前，可以在画面的左上角画多幅小草图，从中适当合理选择构图形式。同时，还可以用两手的食指和拇指相交叉，形成简易取景框，用于确定构图，根据绘画要求和意图，进行横构图或竖构图以及对画面进行适当取舍，简单又快捷（图 2-32）。

静物（几何体）的构图，根据学习进度进行确定，不同的题材有不同的要求，需要在实践中体会和运用，一般说应遵循以下原则，牢记并理解这些原则就能够发现构图中的不足之处：

①主次分明、前后疏密有变化；

②中心稳定、左右均衡不对称；

③高低、大小、形状有区别；

④材质、色彩有对比；

⑤物体组合选奇数；

⑥衬布摆放不雷同。

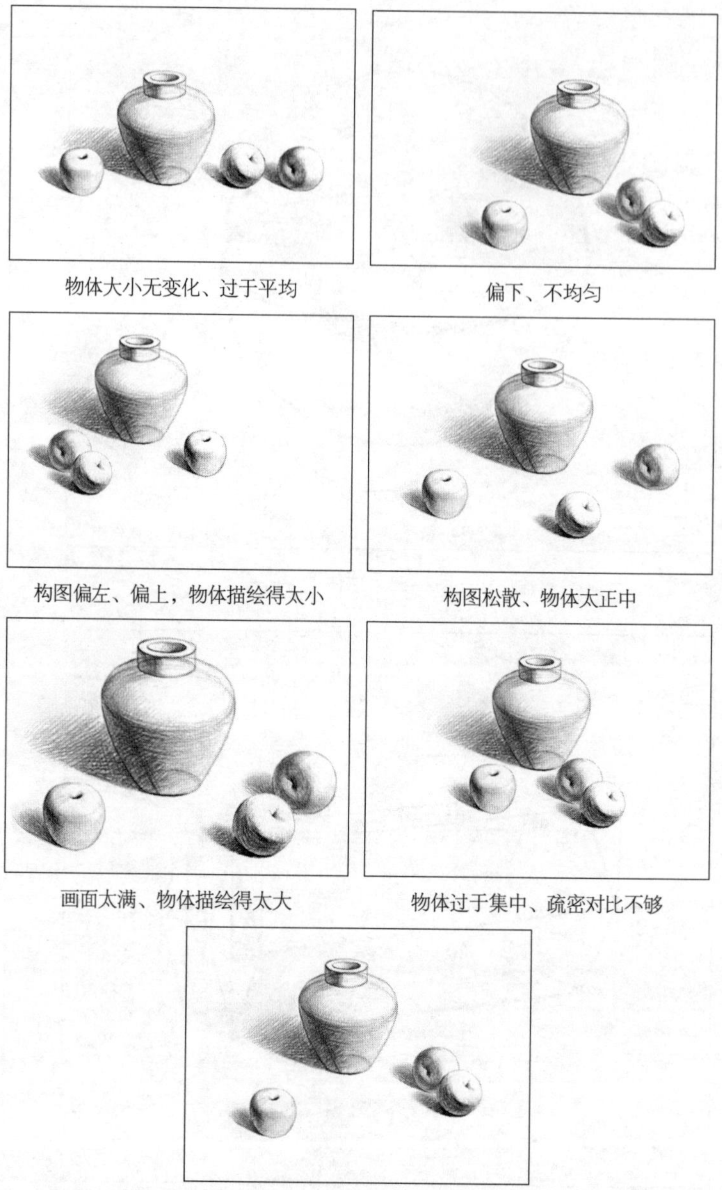

物体大小无变化、过于平均　　偏下、不均匀

构图偏左、偏上，物体描绘得太小　　构图松散、物体太正中

画面太满、物体描绘得太大　　物体过于集中、疏密对比不够

合理构图

图2-32　构图

2.3 结构素描

2.3.1 概述

“结构”一词是引自建筑学上的一个术语，原意是组合与连接的意思。所谓“结构”就是物体的构造组合方式。结构素描是排除自然光线对物象的直接影响，以研究物象本身的组合构造为中心，以线条为主要表现手段的一种素描表现方法。结构素描是有别于光影明暗素描的另一种表现形式，它的产生伴随着立体主义画家对形体的结构性理解和形式创造。在素描教学

中有它的特殊意义。

由于物体某些特定的组合与连接构造，就形成某种物体独有的造型和特征，使人一目了然，所以结构是理解物体真实本质的基本出发点。与物体内部结构比，物体外部的形状会随观察角度或明暗变化而变化，具有可变性和随意性，而物体本身结构不会因观察角度或光线的改变而变化，具有稳定性和永久性。尽管世上万物结构各异，有大小之别、简繁之差，但从形体结构的变化组合上，却都是由方与圆这两个基本形体构成的（图2-33）。这种先把复杂形体概括成几何形体，从中还原出来的方法，是进行形体结构分析和表达的重要方法。所以，当我们描绘物象形体时，不能光凭感觉想当然地认识对象，要努力透过形体外部的起伏，通过合理的联想、分析、推理等方法，深入理解物体结构。因此，把握物体的结构，就等于把握了形体的根本。把握结构，是获得组织画面秩序的保证。

结构素描的特点是以线为主塑造形体结构的造型方法，以线塑造画面空间结构的造型手段，本质地反映形体的结构特征。这种方法不受光线的影响和明暗层次的束缚，借着观察，凭着理性分析认识形体的结构。它造型主动、艺术语言更精练，具有表面模仿之上的造型肯定性，从某些方面弥补了光影素描教学的不足，让人们看到绘画与实用、素描与设计之间的紧密联系，为艺术设计学科素描教育奠定了重要的理论和实践基础，也是当代学院素描教学中不可忽略的重点之一。

结构素描是素描的本质，只有树立明确的结构意识，才算进入素描之门。万物都有结构，一切物体的形状、体积、明暗无不是该物体结构的反映。形是结构的形，体是结构的体，明暗变化是结构形体在受光后的反映，结构的可视性乃是绘画的灵魂。评价一幅素描作品优劣的标准第一就是结构是否正确；第二是对结构形的特点把握得是否正确；第三是反映到外部的结构诸关系画得是否正确，是否自觉；第四是结构的可视性是否生动传神，艺术表现是否完美。

2.3.2 几何体和静物的结构素描画法

结构素描写生步骤（以正方体为例）如下。

（1）观察（图2-34）

整体地观察对象，分析正方体的结构特征以及透

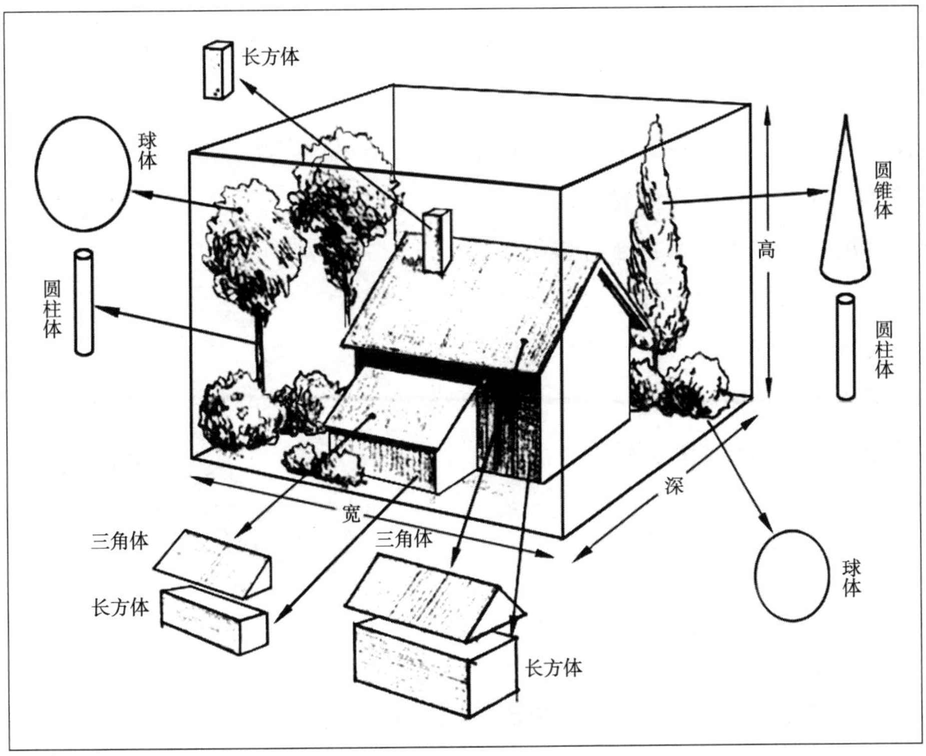

图2-33 自然物体几何结构分析示意图

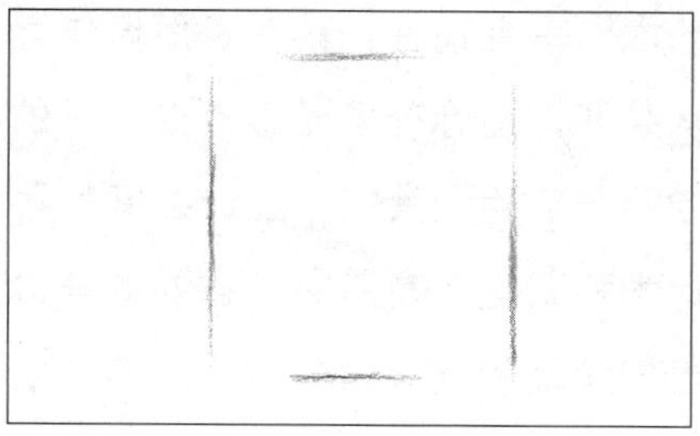
图2-34 观察

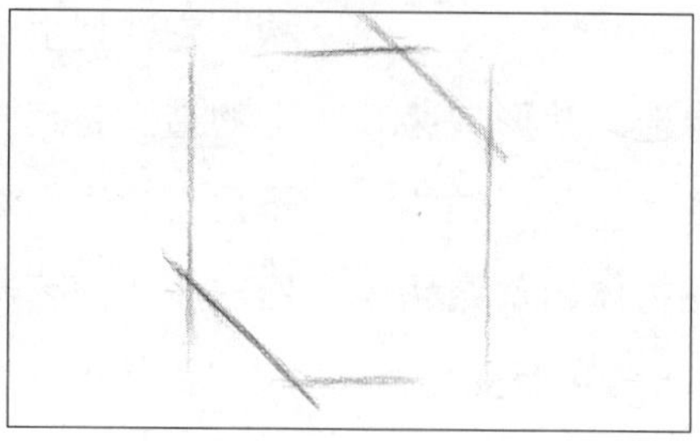
图2-35 落幅

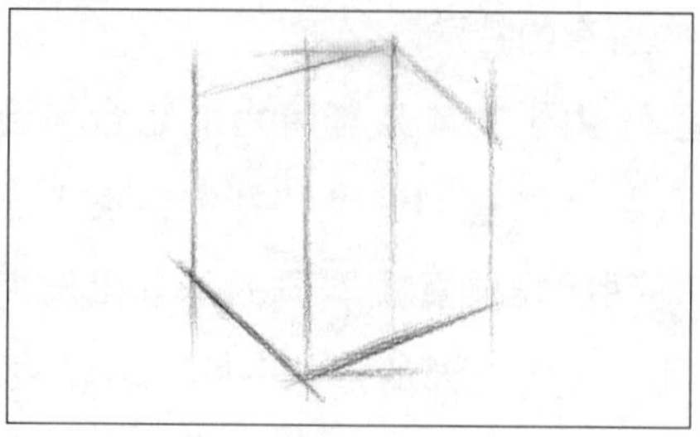
图2-36 勾轮廓

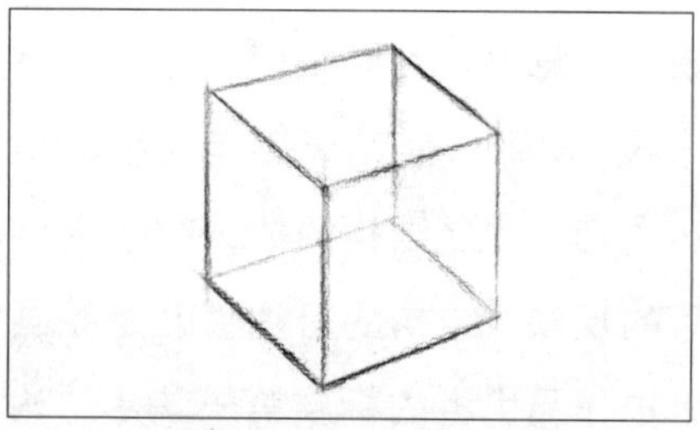
图2-37 深化形体结构

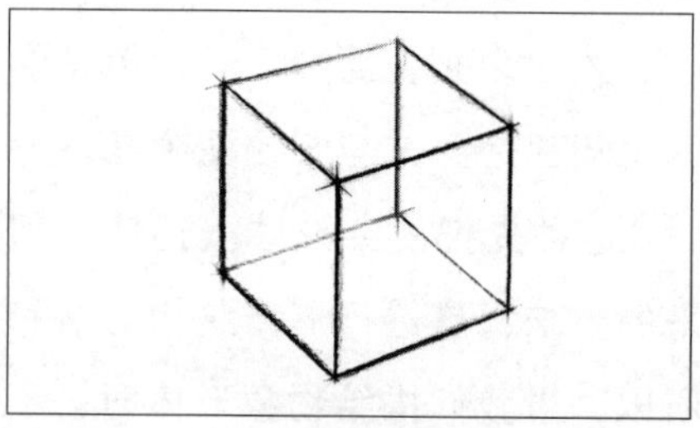
图2-38 调整完成

视规律，有明显的长、宽、深三度空间，有6个全等的正方形平面，所有的邻边都相等，相对的面互相平行，相邻的面互相垂直，体面转折呈方角。由于透视变化的缘故，所有的面都产生变化。

（2）落幅（图2-35）

根据构图的需要，用短直线定出正方体的最高点与最低点的位置，运用目测法测定正方体外形的宽与高的比例关系，以直线画出左右最宽点的位置，即两条垂直边线。

（3）勾轮廓（图2-36）

整体观察正方体的基本外形，画出上下几条倾斜边线，抓住对象的简单外轮廓。接着抓内轮廓，先根据视角和位置找出中间的顶角位置，即找准由这点分割上下两段落间距的比例关系，同时找准由这点分割成左右两段间的比例关系；再通过这点一条垂直线与下面外轮廓线相交，调整下面顶角的位置；通过这点画出左右两邻边，调整左右两顶角位置，这样正方体的立体轮廓即基本展现出来。

（4）深化形体结构（图2-37）

为了清晰准确地把握物体的结构，并准确地掌握角度和比例，应将正方体看得见和看不见的部分都画出来，即深入理解正方体的结构；通过想象，用穿透法画出正方体中所有处于空间深处而看不见的轮廓线，从而进一步与看得见的轮廓线作比较，分析、判断出正确的轮廓线的位置，直至塑造出更具体的形体特征。

（5）调整完成（图2-38）

重新回到整体上进行全面比较与调整大关系。着重依据对象的形体结构与空间透视关系，运用轻重、粗细、虚实的不同线条表现出坚实有力的形象。一般主要的轮廓线重、粗、实，次要的轮廓线轻、细、虚；看得见的轮廓线重、粗、实，看不见的轮廓线轻、细、虚。调整完成的过程就是加强或减弱、补充或删除以及再次整形的过程，力求使画面形象主次分明、结构清晰、纯朴自然，并富有节奏感。

图 2-39 至图 2-44 为几何体和静物的结构素描。

图2-39 方形几何组合体组合结构素描 高飞

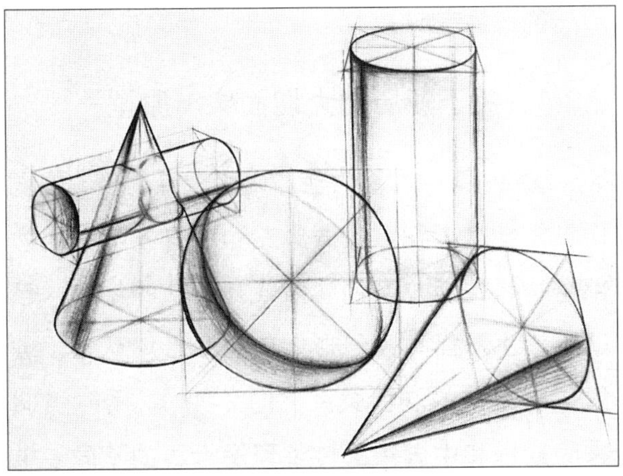

图2-40 圆形几何形体组合结构素描 高飞

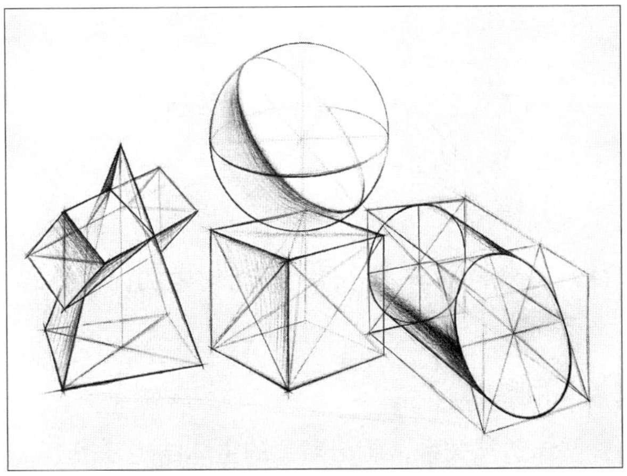

图2-41 方圆组合几何形体组合结构素描 高飞

图2-42 静物 结构素描 徐海涛

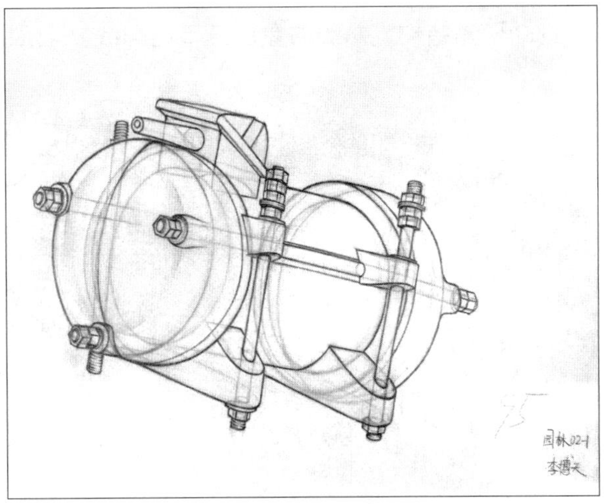

图2-43 静物 学生作业 李博天

图2-44 静物 结构素描 高飞

2.3.3 柱头与切面像的结构画法步骤

柱头与切面像的结构素描步骤大体相同，具体步骤如下（图 2-45、图 2-46）。

（1）起稿落幅

整体观察对象的基本外形，画出对象的简单外轮廓线。

（2）大体塑造

调整整体透视关系，画出对象的主体结构轮廓线。

（3）深化形体结构

深入刻画形体结构，画出对象的细节结构线。

（4）调整完成

调整线条的轻重、粗细、虚实，继续深入刻画细节结构直至完成。

2.3.4 关于亚历山大切面像与原型

图 2-47 中右图为亚历山大大帝面像，左图为切面像。为什么要把雕像做成左边的样子呢？因为人的面部结构是比较复杂的。做成几何状的结构，目的是有助于学生从简单几何形体向复杂形体认知，进一步理解复杂结构的块面关系（图 2-48）。同时强调西方传来的素描和中国绘画传统理解世界的不同：中国传统绘画是二维空间的，而欧洲的绘画是三维空间的；中国画用线造型，西洋画用块面造型。原雕像的面部是块面造型，甚至头发胡须都是块和面的关系。这个训练也有助于学生以后画园林树木素描，道理相通。

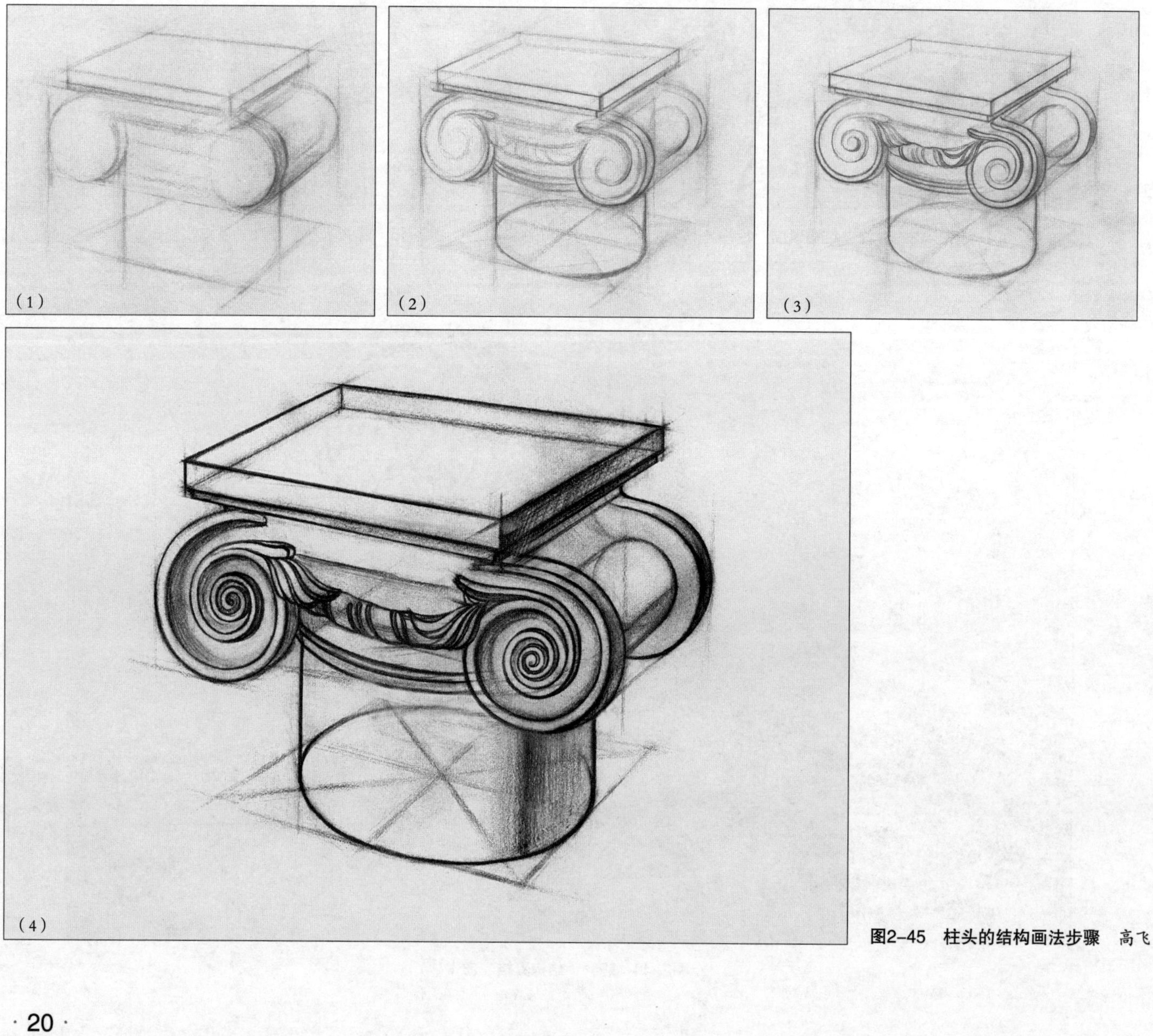

图2-45 柱头的结构画法步骤 高飞

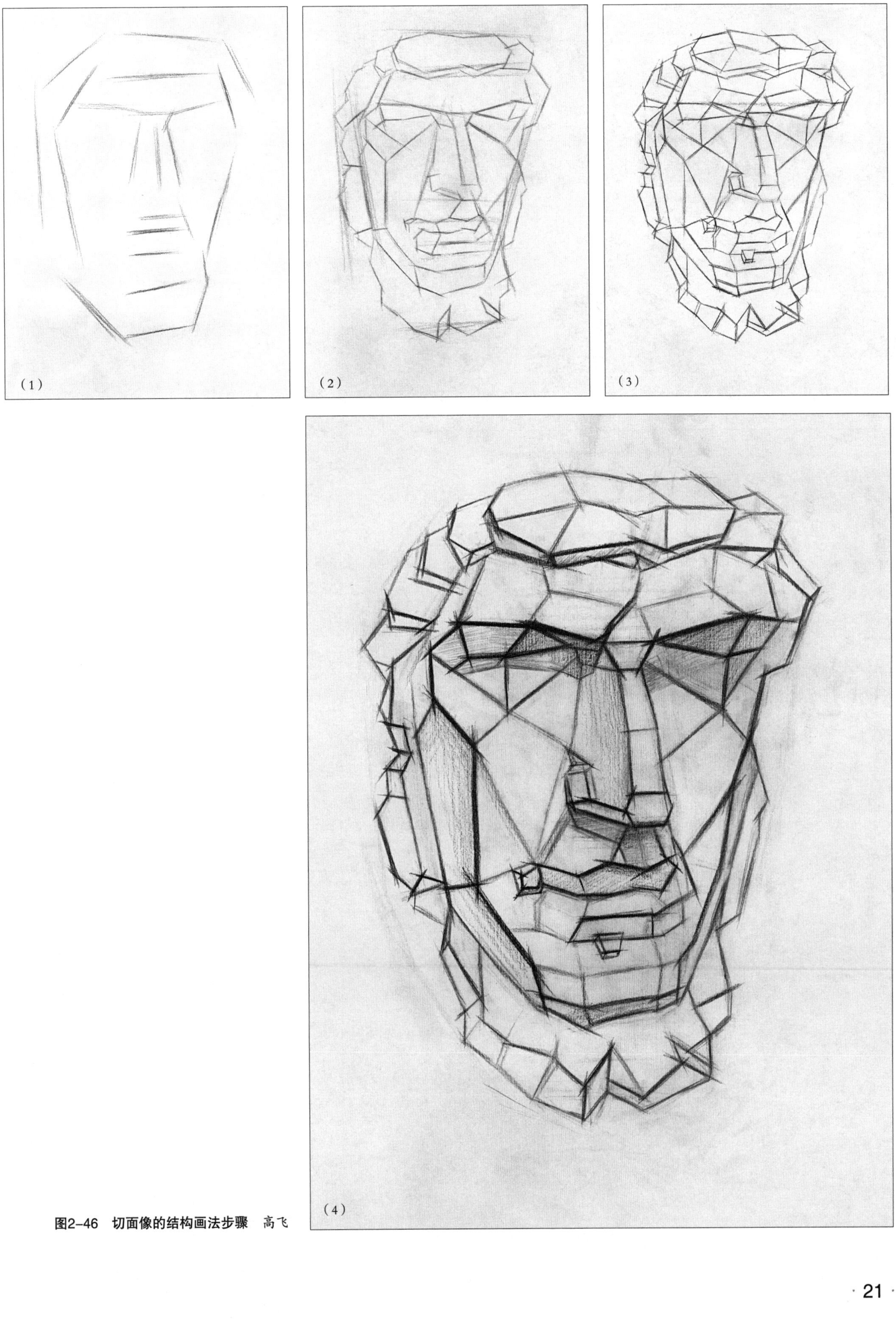

图2–46　切面像的结构画法步骤　高飞

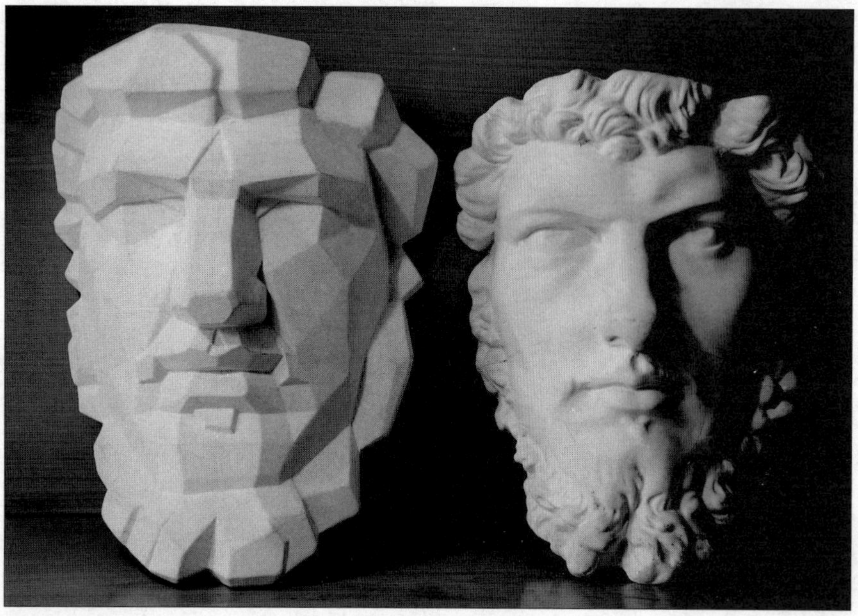

图2-47　切面像与原型

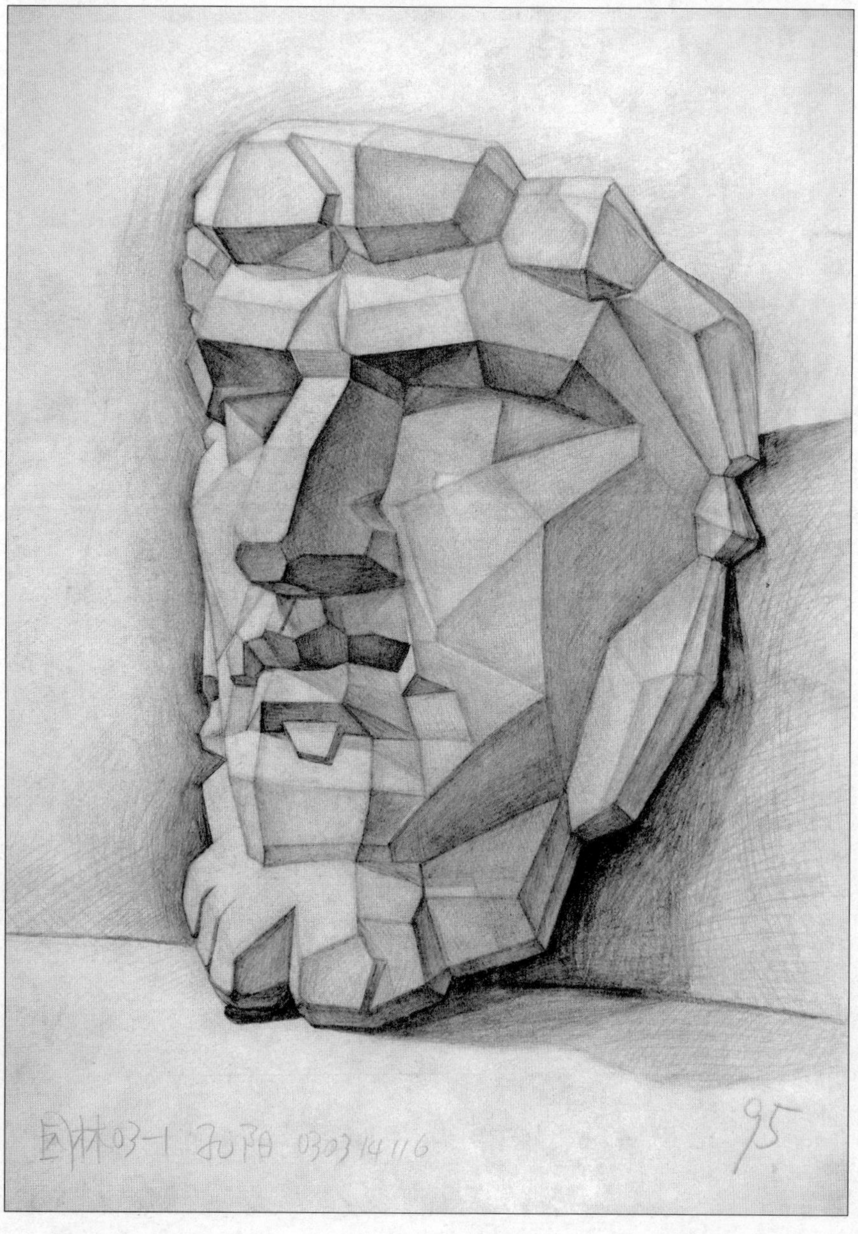

图2-48　偏重结构的画法　学生作业　孔阳

2.4 光影素描

光影素描就是通常所指的色调素描，简称“调子素描”，也有人把这类素描称为“全因素素描”。光影素描是指借助光照物象反射出来的明暗层次；通过借助光影关系、透视法则、合理的结构分析，来对物体的体积感、质量感、空间感进行有秩序、有变化、有主次的充分塑造的一种素描表现方法（图 2-49）。

2.4.1 光的规律

光是绘画的生命，这么说一点也不过分。绘画是视觉艺术，有了光，眼睛才能看到一切。光可分为直射光、散射光、反射光三种。在不同的光线下，物体能呈现其形体特征，形成微妙而丰富的高低、前后、起伏、方圆、转折、色彩、质地等的不同变化。这些无一不是借助光线的直射、散射、反射综合作用的结果。另外，光线强弱、角度不同，物体所呈现的感觉也不同。

根据光源不同，光线分为自然光和人造光两大类。阳光、天光为自然光。灯光为人造光，其照度远不及阳光，也不及天光柔和，但其具有可以调整与物体的距离、强弱等优点。在教学中，最初一般采用灯光作业，使学生了解形体在光照下的明暗规律。造型入门最初的三大面、五大调子都是在灯光作业中解决的。

2.4.2 光与形体的关系

明暗关系是物体呈现立体感的重要因素之一。明暗关系又是光线产生作用于物体的结果。当人站在黑房子里时，看不到任何物体，这是由于没有光源的缘故。如果光线照射在一个正立方体上，就会立刻看到立方体上出现不同面的明暗区分：受光线直接照射的面最亮，受光线斜照射的面较灰，背光处无光线照射最暗。物体在一定的光线下，它的各个面与光源形成了多样的倾角。就像大量的小镜子由于折射的光量的多少而形成了最亮、亮灰、中灰、暗灰、黑暗五种色阶系列，展开了相当丰富的层次变化。

光线投射的角度、强弱决定物体的形体感和强度感。如在强光（顺光）下，物体呈平面感；在侧强光下，物体体积感强烈但简单；在柔和的偏光下物体才产生丰富的色调层次和浑厚的体积感等。

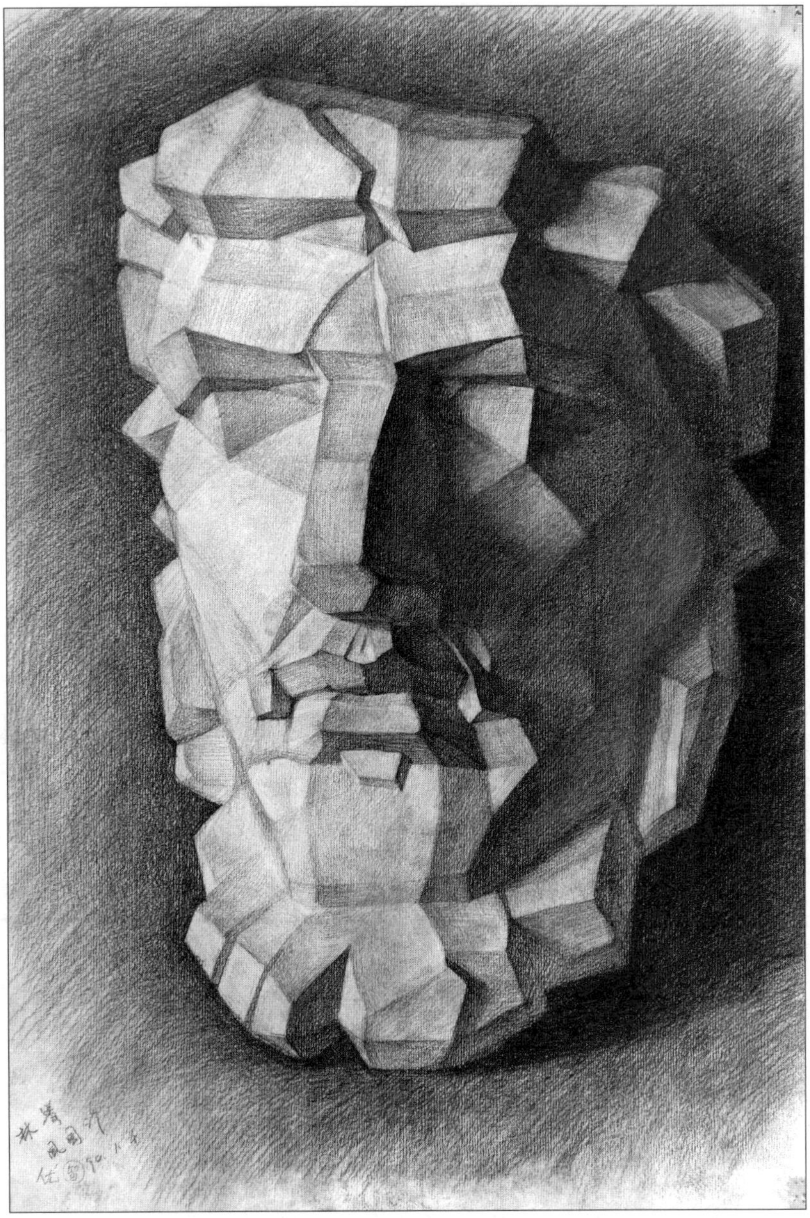

图2-49 偏重光影的画法 学生作业 林箐

2.4.3 三面、五调

自然界中可见物体受不同光的照射，出现受光部和背光部两大明暗区域。但是由于物体本身结构起伏变化，物象的明暗变化也是很多的，并且有一些规律性。我们把其归纳和概括为三大面、五大明暗调子。“三大面”即亮面、灰面和暗面；“五大调子”即高光、中间色（灰面）、明暗交界线、反光和投影（图2-50）。其中高光和中间色属于物体的受光部分；明暗交界线、反光、投影属于背光部分。物体形状不管多么复杂，五大调子的排序是不会改变的，正确地画准明暗交界线，即基本把握住对象的形体结构和基本明暗色调，有助于对复杂多变的明暗关系进行整体处理，使调子统一。

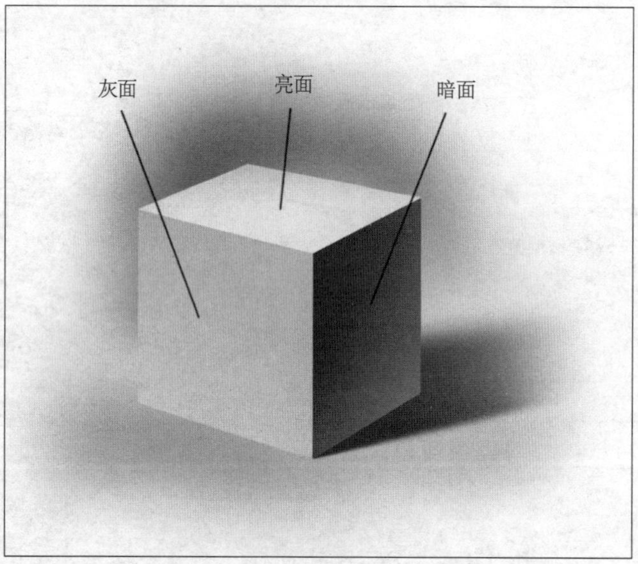

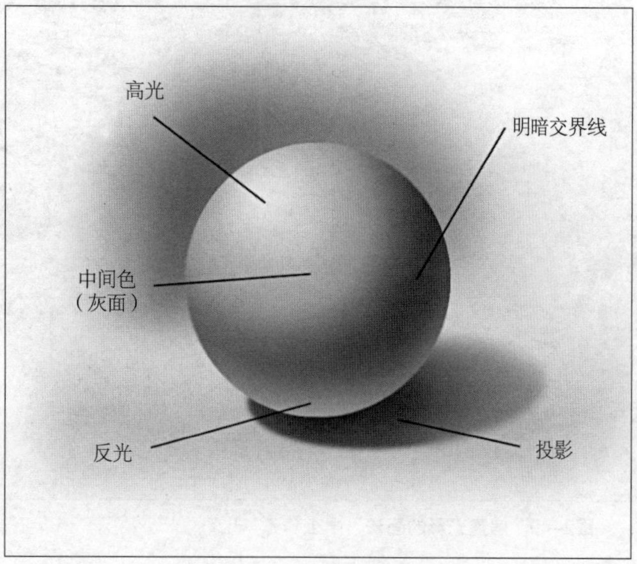

图2-50　三大面、五大调子

2.4.4 几何形体光影素描写生画法步骤（图2-51）

（1）观察分析

对所描绘的对象进行认真仔细的观察，认真地分析对象是由哪几个形体组合而成，它们的比例及前后大的明暗关系如何。观察哪一个角度适合描绘，加强对它们的理解，然后决定从自己感受最强烈的角度来确定布局。

（2）构图起稿

确定位置后，恰当和适度地安排构图。构图好坏是决定以后进行深入的第一步，要尽量完整地把几个几何形体都画在画面上，画面要饱满、自然，要均衡和具有稳定性。

素描重要的第一步骤先是起稿打轮廓，轮廓画得准确，将为整个课堂作业奠定好的基础。起稿画轮廓时要遵循由大至小，由外到内的原则，用比较、联系、整体的观察方法来确定形的比例及位置，时刻检查是否正确。

逐渐明确形体，分析形体的构成关系，把几个形体放在一起，形成一个整体。把握几个几何形体所构成的大的框架关系、位置关系，形体之间的距离，以长线大胆概括，切勿用碎线慢慢地描出来。开始时要慢，不可操之过急，同时下笔要果断，根据自己的认识放开手脚去画，不能被动地像绘图一般一点一点地描，清除怕画错的心理障碍。

（3）大体塑造形体关系

在构图与大形体确定后，几何形体轮廓已逐渐明确。应开始从物体明暗交界线入手，画出以“三大面”“五大调子”为主的基本明暗关系。物体的造型特点与体积感常常能在明暗交界线上反映出。画明暗交界线时要仔细反复对比，注意其方圆、大小、浅重、长短，要确保准确地表达物体的体积转折关系，不能立刻画到画者所感到的层次上或一下子涂死，应留有余地，要保持明暗的整体感与层次关系。在大体塑造形体的表现过程中，应从最黑的物体着手，从前往后画，先画主要的，后画次要的，先暗部后亮部。切

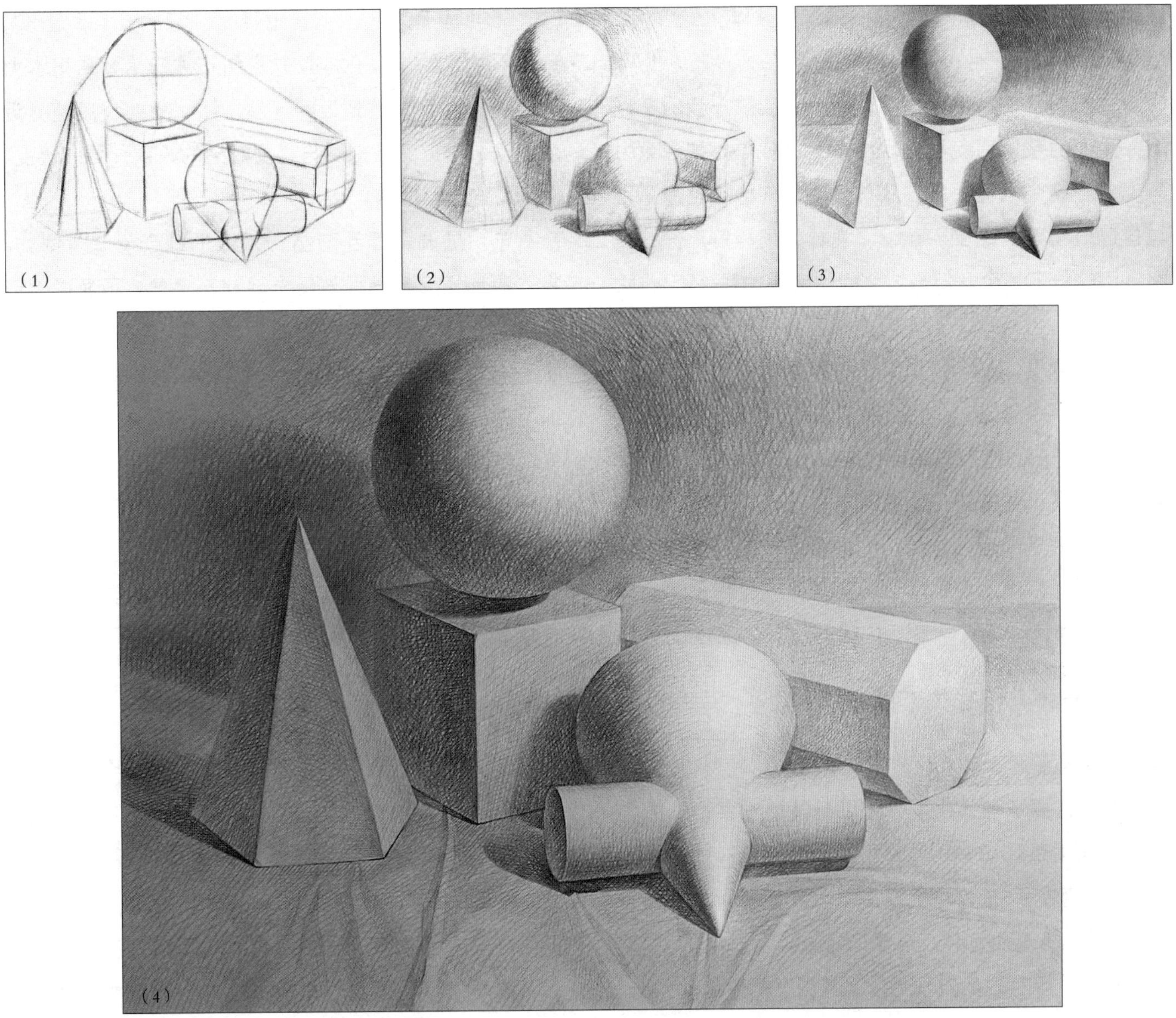

图2-51　几何形体光影素描写生画法步骤　高飞

（1）构图起稿　（2）形体塑造　（3）深入塑造形体和空间　（4）调整完成

忌几个物体分别同时进行，并时刻做到全面比较各种关系。

无论是多少物体，表现时既要注意单个物体的明暗强弱变化，又要注意几个物体间的强弱对比关系，比较各物体的暗部，也要比较各物体的亮部，尽量用不同的明暗调子来塑造形体，使所刻画形体的调子丰富，生动而又有节奏。

（4）深入塑造形体和空间

首先要注意观察几何形体构造特点，还要确定光线在几何形体下形成的大的明暗关系及中间色调，把握其层次。观察出物体从哪里开始转向哪个方面。注意不管光线如何变，如何强弱，其关键在于能否把握住色调对比，在画暗部、阴影时要根据物体的基本形体来画。充分理解物体在空间透视中看得见的部分与看不见的部分为统一体。同时应理解物体在光线的作用下，其远近与物体本身的形体转折决定了明暗强弱的变化。

除了注意深入塑造物体的形体外，还要时刻注意物体与周围环境的关系，处理好物体外形与环境的对比关系，才能把形体和周围环境的空间联系完整表达出来。但在刻画过程中切不可生搬硬套、死抄自然，要主动去理解，主动去表现自然物体，时刻想到从整体入手到局部刻画，再回到整体，即整体—局部—整体。

（5）调整统一

大的调子关系完成以后，即在完成前一步的基础上，画面的整体面貌已呈现出来。这就需要把注意力再次转到整个画面上来，从总体出发来检验画面是否与自己对物体的感受、认识、视觉效果相符。仔细观察，比较一下每个几何形体之间的前后关系是否合适，强弱对比是否合理，某些地方是否画得还不够，画面上物体、背景、整个物体组合相互之间的大空间、大的明暗关系是否正确；透视关系是否准确，各物体之间亮部与亮部，暗部与暗部比较；空间深度是否拉开，物体色调是否拉开，层次是否丰富充实。总之，最后的调整目的是，加强整体，把握全局，使画面明暗调子更加合理，层次更加丰富，质感更强，画出美的构图、美的形式、美的色调，塑造出坚实感人的形体。

2.4.5 石膏几何形体素描注意事项

（1）从整体出发表达形体的准确性

首先，要从形体出发，仔细整体地观察形体的各部的构成关系。切勿从局部出发，只注意形体的局部的外部轮廓，只是简单地在形体上涂调子，忘了调子的目的是用来塑造形体，表现形体。

其次，要正确地表现物体及其相互间的透视关系。这样才能准确地表现出形体的大小与空间关系。

（2）描绘形体时切勿犯脏、灰、死、花、闷等错误

脏　是调子主次零乱或不均匀，不管物体结构如何，随意涂黑，造成画面明暗不准确，色调不透明。纠正办法：增强物体体积观念，加深理解物体的结构，按照物体的各个面的受光情况区分黑、白、灰不同调子，即五大调子，然后分别画出正确的明暗。

灰　是色调主次不分明，都向中间调子靠拢，这就是所说的只用两三个调子表现画面，这样使画面黑、白、灰关系拉不开，减弱立体效果。纠正方法：仔细观察几何体上由最亮到最暗的丰富的明暗调子，提高黑、白、灰调子的距离，该亮的面更亮些，该暗的面就应该更黑些。

死　画面呆板，不管透视、空间的变化，虚实、远近平均，缺少变化的反映。纠正方法：要从根本上理解透视关系，做到近实远虚，体积的处理应遵循近浓远淡，掌握深度刻画与高度概括的关系，画出透视、空间，增强立体感。

花　是调子零乱与结构松散的综合反映。例如，物体的反光部分画得与受光部分一样亮；画面过于琐碎，缺乏整体感。纠正方法：画物体暗部的反光，不能局部地观察，孤立地画，要用整体对比的方法，仔细观察、比较，用心辨别明度，做到整体统一。

闷（腻）　画面调子平均，涂了又涂，擦了又擦，到处都一样黑，色调不明确，不清晰，无醒目的色块对比，空间无主次，线条呆滞。纠正方法：强调大的结构关系，大的明暗关系，拉开调子间的距离，亮的面应更亮，该重的暗部应更重些，主要部分着重刻画，次要部分要概括，但不是简单化。

2.4.6 静物光影素描写生画法步骤（图2-52）

（1）观察分析

写生作画前，首先要对所要表现的静物做全面的、整体的观察和分析；要清楚地认识到静物是由哪些几何形体组合而成，它们的透视比例关系如何；哪个物体为主体，哪些为次；观察分析每个物体中哪些面受光，哪些为背光，哪些面为明暗交界线，以及高光、反光、投影在何位置，它们之间的关系如何。整个画面黑白灰关系如何。就是所谓“三大面”如何来表现、处理，要做到胸有成竹而不致于盲目下笔，切不可画板一放，提笔就画，手不停歇，忽视了素描的根本——观察与分析，而犯大忌。

（2）构图起稿

静物素描作画步骤与画石膏几何形体要求基本相同。

静物观察分析完后，合理地运用审美意识把描绘对象排列和组合在画面上，这就是构图。但是，物体的安排和布局要做到既有情趣变化，又生动和谐，在大的形体基本确立的情况下考虑景物大小要适中，主

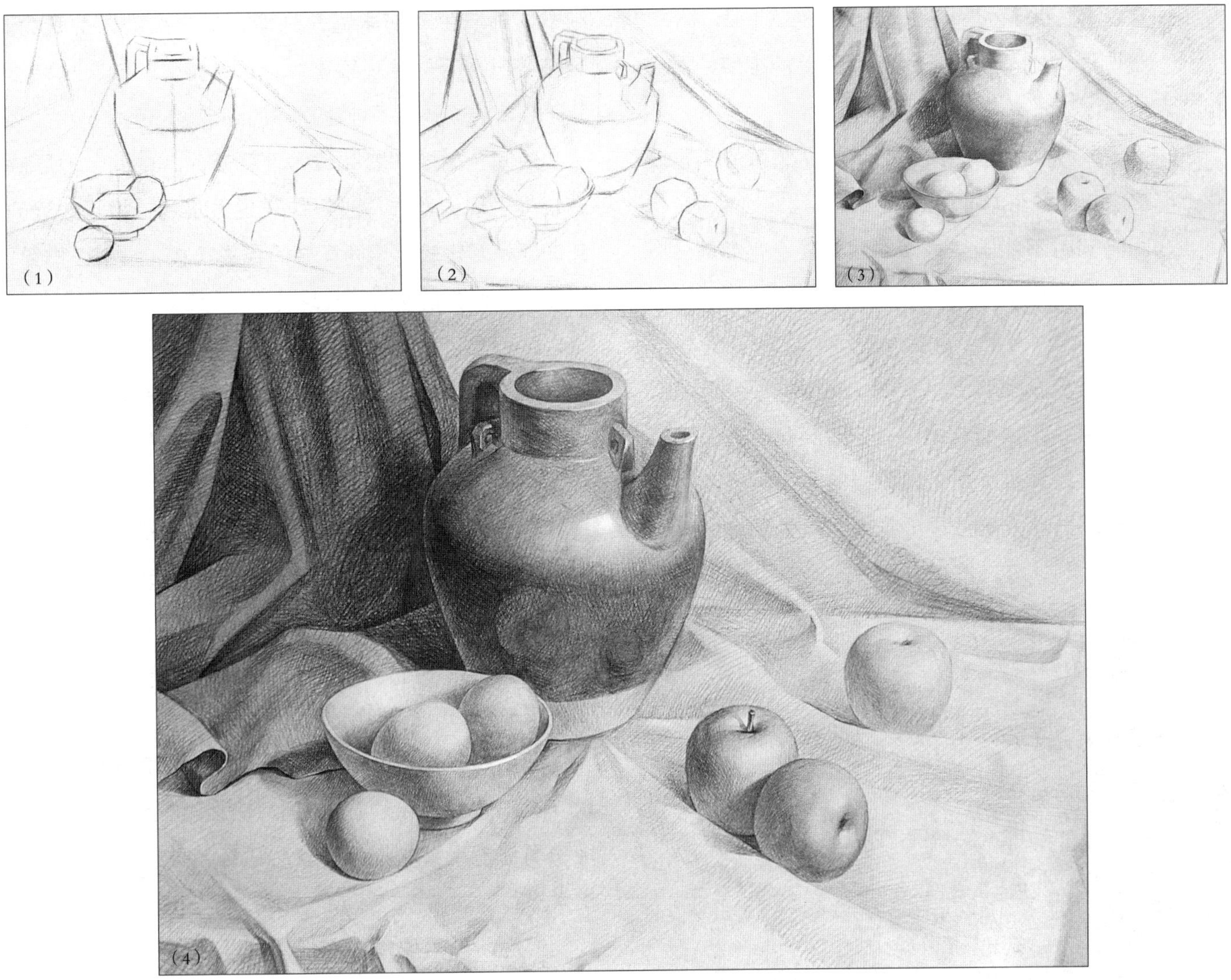

图2-52 静物光影素描写生画法步骤 高飞

(1)构图起稿 (2)形体塑造 (3)大体刻画 (4)深入刻画与整体调整、完成

体要突出，两边空间大致均衡，但要注意均衡不是相等，注意物体大与小，高与低，黑与白的对比，也相对均衡。线条的曲与直，繁与简的变化节奏，不能单一地去抠局部，要确立大的形体观念，要用相互比较的方法去画。

(3)形体塑造阶段(几何造型与结构造型)

在塑造实物形体过程中，对实物所包含的体面、明暗关系等造型规律的认识方法是与几何形体相同的。

物体大的基本形确定后，便可转入具体造型阶段，把每个物体的基本形体分析并画出方体或球体的几何体形。因在形体上，任何形体都有着几何形体基本的共同点及共同的基本规律，又有其变化丰富的一面。所以对物体进行结构分析，运用透视原理，由表及里，把物体的骨架结构具体深刻地描绘出来，为进一步深入奠定坚实的基础。

(4)大体刻画

这个阶段是利用明暗调子大体表现出物体的立体感，强调光与影的关系。虽然是大体明暗，但仍需要画出亮部、中间色、明暗交界线、反光、投影这五大调。这是物体受光作用后产生的基本色调。

画大的明暗关系时，可以从明暗交界线开始，先暗部，留出亮部。画暗部时，开始最好用些长线，从物体的暗部到投影以及较暗的背景一起画。这样，画面显得连贯有韵律。然后再画出暗部的不同调子。

注意以下几点：

①塑造形体时不要过于注重实物上的细节，而忽视了大的立体形。

②不要只注重物体上具体细节体面关系的丰富变化，而疏忽整体的基本面关系。

③画暗部时不能画得太黑太腻，要留有余地，以便下一步深入刻画。

（5）深入刻画与整体调整

深入刻画要从整体出发，深入观察，反复比较，精心深入地描绘物体的立体感、明暗变化、质量和空间感。总而言之，要运用各种积极的手段画出丰富的内容，表现深刻动人的效果。这个阶段主要是深入画细节，细节生动而丰富，画面才能产生动人的魅力。画细节时，时刻要观察整体，进行整体比较，一切服从于整体的需要，不能让局部的细节破坏整体。

图2-53　静物（1）光影素描　高飞

中间色的层次变化微妙而又复杂，中间色的层次是较难表现的地方，较好的表现方法就是相互接近的色调要相互比较。用同类中间色去比较、分析、描绘，相互比较判断越准确，表现就会越细致、越充实完整。

暗部虽然比较亮部而言显得模糊，不如亮部那样显而易见，但暗部模糊之中却隐含着许多内容。作画时：①要用暗与暗进行比较的方法，观察分析出它们之间的不同色调层次。如黑色的衬布与深色物体间有黑白调层次差别，而黑色衬布自身的明暗色调也有变化，切忌画得简单、沉闷、死黑。②要根据形的体积、结构去画，时时检查画面，物体间的比例关系、透视关系是否正确，其距离感、空间感是否表现出来。③背景与暗部联系起来对比着画，使之融为一体。

亮部内容丰富，细节的精细描绘是质感的有力表现。但细节的描绘须建立在整体认识的基础上，孤立地、局部地观察和描绘，就会破坏整体，而整体感又是素描基本功训练的核心。

最后阶段为整体调整阶段。从整体关系出发，强调突出主要部分，黑白灰关系明确，主次分明，强化或减弱前后对比关系，加强物体间和环境间的空间关系，加强艺术感染力。同时还应对所描绘对象进行必要的提炼、夸张，使画面更加合理，更加丰富与完善，从而达到尽善尽美。

2.4.7　质感、量感与空间感的表现（图2-53至图2-73）

对作画者来说自然界里的所有物体都可以入画，因此要想把物体表现得栩栩如生，就必须把各种物体属性和特征把握准确。例如，石膏几何形体的色质单纯、静止素雅，布的柔软，玻璃器皿的光滑、透明反光，金属的坚硬，陶器的朴实与坚实感。这些属性构成不同物体的质感、量感和容量感。

（1）质感

准确地表现物象的质感是素描写生重点和难点，也是评价一幅作品层次高低的重要依据。如何才能刻画出质感呢？就要从各种物体自身的组织结构、质感、颜色、光泽等特点入手，用不同的方法加以区别。素描工具虽然简单，但完全可以做到。不同质感物体的组合，是为训练学生掌握更多质感的塑造技巧。注重培养学生去注意不同物体具备不同质感表现的区别。画时不要盲目地大笔一挥，无理性地埋头苦干，而是要根据不同质感与形体的区别，有意识地用线与明暗层次来组织、表现。因为物体表面光洁程度千差万别，是形成不同质感的重要因素，不同光洁度的表面对光线反映敏感程度不同，有的反映高光与反光强烈，有的则反之。注意观察研究这种区别，就可基本把握不同质感的表现。如画金属光泽强硬的物体时，要用短些的线条，并选择硬些的铅笔。画柔软的物体时，要用长线条，线条的方向要多变些，并选择软些的铅笔。另外，光滑、浅色的物体，反光强烈明暗反差大，对环境和光源色反映明显；粗糙、深色的物体，对反光不明显，明暗反差小，对环境和光源色反应不敏感。

（2）量感

量感就是体积量。物体本身的体积范围，就是物体在自然界存在的三度空间——高度、深度和宽度。在素描写生过程中，应根据物体三度空间去观察、理解和表现。一般依靠块面和明暗，来表现物体的体积。

（3）空间感

空间感是物体存在的必需，素描写生必须真实地表现物体的空间关系。如果写生缺乏空间感受，就会造成物体本身、物体之间、物体与背景之间拉不开距离，粘在一起像剪纸一样。在风景画中空间感最为突出。素描写生的空间感除了形体透视外，主要还是依靠粗细、浓淡、虚实等线条来表现。空间感塑造的关键词是：近大远小，近实远虚，虚实相映，透视得当。

图2-54　静物（2）光影素描　高飞

图2-55　静物（3）光影素描　高飞

图2-56　静物（4）光影素描　徐海涛

图2–57　静物（5）光影素描　高飞

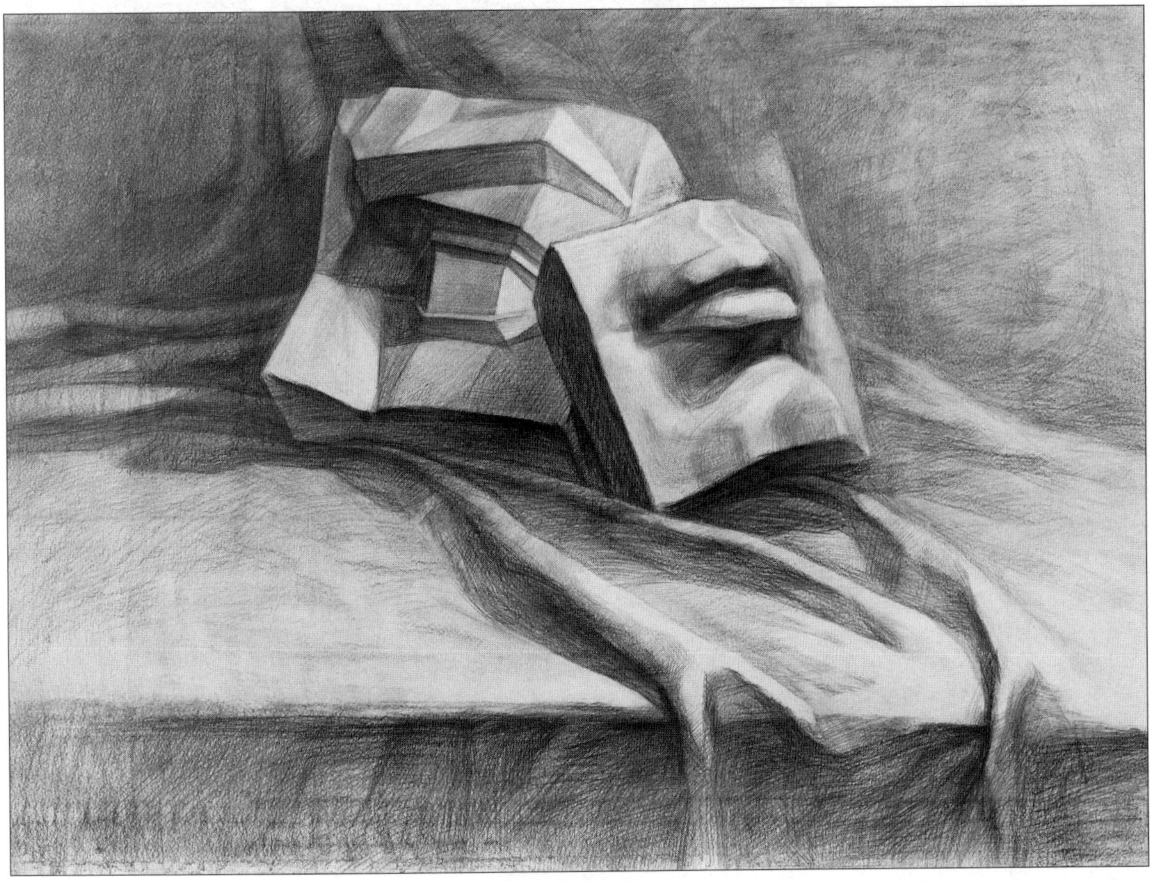

图2–58　静物（6）光影素描　高飞

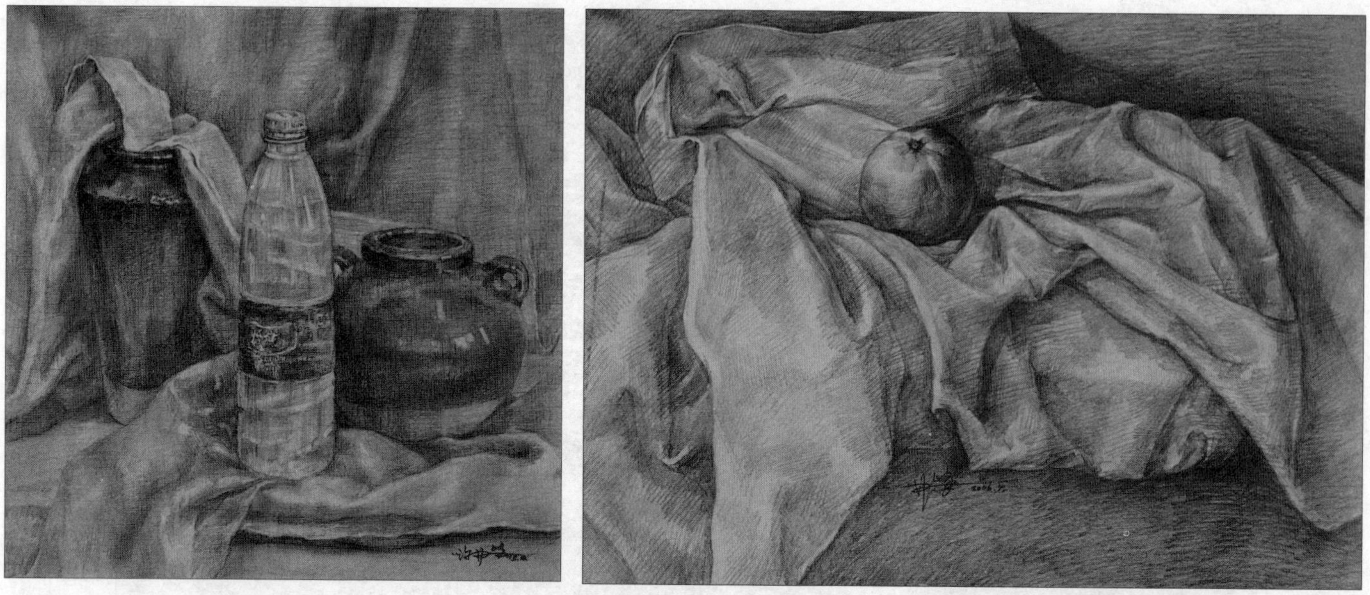

图2-59　静物（7）　许林峰

图2-60　静物（8）　许林峰

图2-61 几何形体组合光影素描 学生作业 汤晗林

图2-62 石膏光影素描 学生作业 邓玮呈

图2-63 静物（9）光影素描 高飞

图2-64 静物（10） 学生作业 曹文雯

优点：构图合理，画面大的黑白灰关系处理得当，造型、透视较准确，静物塑造的体积感较强。画面中苹果的投影实、石膏穿插体投影相对弱，能看出静物距光源的远近，光感表现较好。线条组织排列富有变化。作者有较强的造型能力，画面有一定的艺术表现力。

缺点：画面中桌子的左上角有点起翻，台面和立面的透视关系稍有不准，桌面有倾斜感，画面缺少些精彩的细节和局部刻画。3件物体如果在质感和固有色上再拉开些会更好。

图2-65 静物（11） 学生作业 曹文雯

优点：画面构图较好，通常台面留的面积要大于立面，画面的重心在中间偏上的位置比较符合视觉的审美规律。3个石膏几何形体比例准确，黑白灰大关系明确，石膏的量感很强，有分量。画面近处的桌面和石膏的空间关系处理得较好，得益于桌面最前端的线条的排列稀疏，石膏的线条排列紧致的笔触变化，这是物与物之间的笔触对比，使视觉得到满足，同时控制了质感的差别。一幅好的素描不仅要把握好整体，细节能否深入也是衡量作者造型能力的重要标准。石膏破损的细节刻画又不喧宾夺主，整个画面的节奏感也很好。

缺点：石膏后面背景的分割线有些硬，有往前抢的感觉，石膏的投影稍显简单。

图2-66 静物（12） 学生作业 林箐

优点：画面细腻、结实、耐看。主体刻画得精致深入，石膏和衬布的软硬质感通过形体的塑造、虚实的处理形成鲜明对比，衬布的形态自然随意，作者处理得十分用心，一丝不苟。静物组合虽然简单，却表现得非常充分，主体与背景的关系处理也较到位，衬布刻画深入也未显得前跳。从画面看能感受到作者严谨、真诚的作画态度。

缺点：圆锥和背景衬布有点贴，关系上没有拉开，因此空间感稍显弱，台面的衬布刻画得不如立面的衬布，尤其是那几道白条，虽然衬布的起伏和形体很微妙，但是缺乏转折面的过渡。

图2–67 静物（13） 学生作业 刘通

优点：画面柔和干净，白色石膏的质感较强，量感准确。背景虽然简单，但是整体感较强又富有变化，与前面物体关系明确，空间有通透感。台面的镜面反射效果表现恰当。苹果的固有色表现到位，与石膏形成鲜明对比。

缺点：物体间的比例关系还有待推敲；圆锥的底座转折边缘有些尖锐，显得单薄；苹果的刻画不够深入，笔触缺少变化，高光的面积和形状有些不舒服。画面的黑白灰关系可以再拉开些。

图2–68 静物（14） 学生作业 王丹艺

优点：构图合理，虽然3个石膏的体量有些相似，但是通过造型的变化使得静物在组合上有节奏感，高低起伏富有变化。造型透视较准确，石膏体积感较强，投影的重颜色使得石膏与桌面的衔接很实在与稳定。圆柱圆锥穿插体底面的刻画到位。3个不同石膏的处理表现可以看出作者在认识和感受上是有区别的。

缺点：画面稍显不完整，空间感稍弱，平立面的关系不太明确，尤其六棱柱暗部和背景有点贴，多面体的投影和背景的调子如果能拉开更好。

图2-69 静物（15） 学生作业 李慧琳

优点：整个画面结实耐看。造型准确有力度，陶罐、衬布质感表现充分，物体的边缘线刻画精致，明暗关系准确，平立面关系较好，能够看出作者主观地将画面的黑白层次缩小，灰色调的层次表现充分，有自己的想法，并体现出作者独特的风格和审美感受。

缺点：3个物体包括衬布在内，固有色表现得不够，通过画面无法分析出它们自身的颜色和明度，即使明度接近也还是有细微区别的，作者在把握这个整体关系时显得不足。

图2-70 静物（16） 学生作业 李单

优点：画面细腻完整，统一在灰色的调子中，显得柔和内敛，黑白灰关系也较明确，罐子的暗部和物体投影的重颜色压重，尤其是瓶口的刻画使得画面有了分量，物体刻画较深入，3个物体的质感表现较充分，衬布刻画深入，棉布的质感表现较好，线条排列细腻规整。

缺点：罐子边缘线的处理稍显简单，没有转过去；罐子的前后体积不够，显得单薄，与背景空间的衔接有点生硬，要注意轮廓线的虚实变化。离光源近的苹果光感可以再加强些。

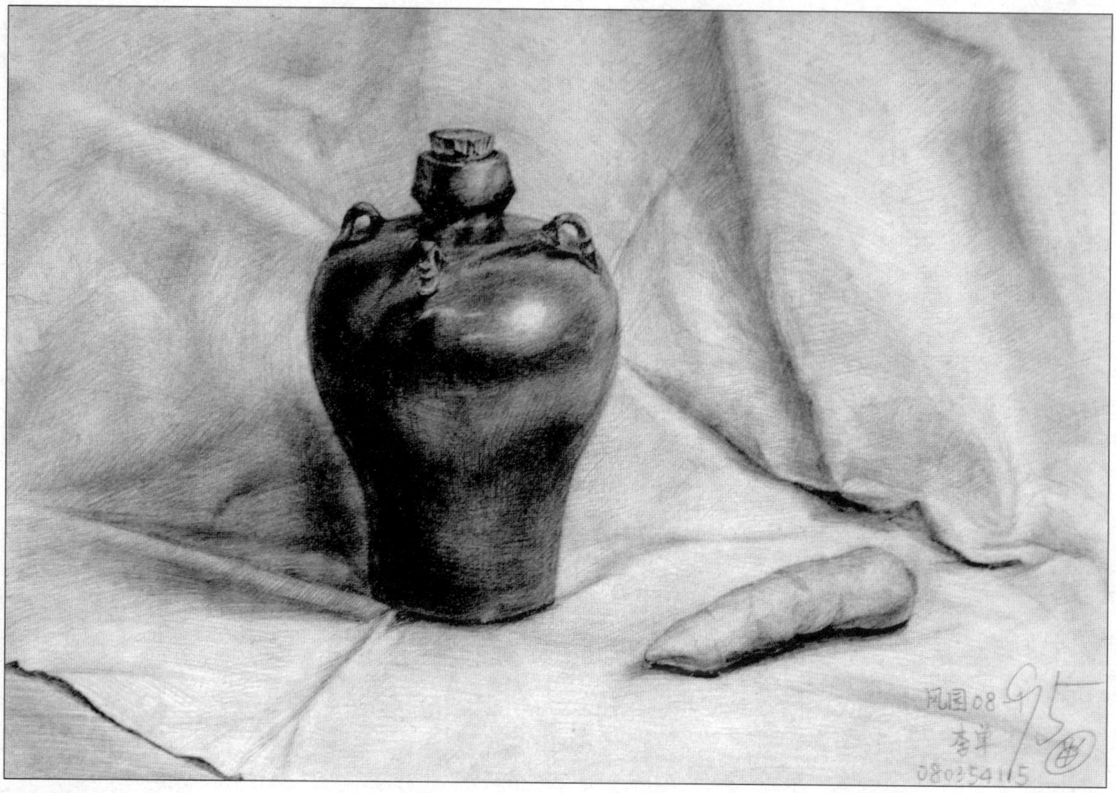

图2–71　静物（17）　学生作业　李单

优点：画面黑白灰关系明确，罐子的刻画细致深入，陶瓷的质感表现较充分，瓶口的木塞表现得也不错。作者观察细致，罐子对衬布的反光也画出了变化，衬布的褶皱处理得当，锋利的、有折痕的、柔和的、自然成型的，都有所区分，用不同的态度处理不同的部位，形成了对比。虚实关系较好，罐子的主体地位一目了然。

缺点：平立面可以再拉开些；罐子在衬布上稍微显得有点飘，有点没坐住；罐子的底部和衬布衔接的部分关系可以再强调；蔬菜的表现稍显粗糙，不够深入。

图2–72　静物（18）　学生作业　王丹艺

优点：画面完整，黑白灰关系强烈，整体感很强；作者基本功扎实，有一定的造型能力，明暗关系准确，灰调子处理得丰富细腻，灰面的肌理质感被真实反映，暗部有种光滑的通透感，暗部适当结合擦或涂抹可以感觉很透气，符合暗部的特点，反光也很柔和，能看出作者细致的观察并注入了对物象的情感。

缺点：画面右上角的背景空间感再强些更好，背光的那一条重颜色的衬布稍显简单，远处虚的部分的处理有些马虎，刻画要到位，关系才能更准确。

图2-73　石膏头像素描　高飞

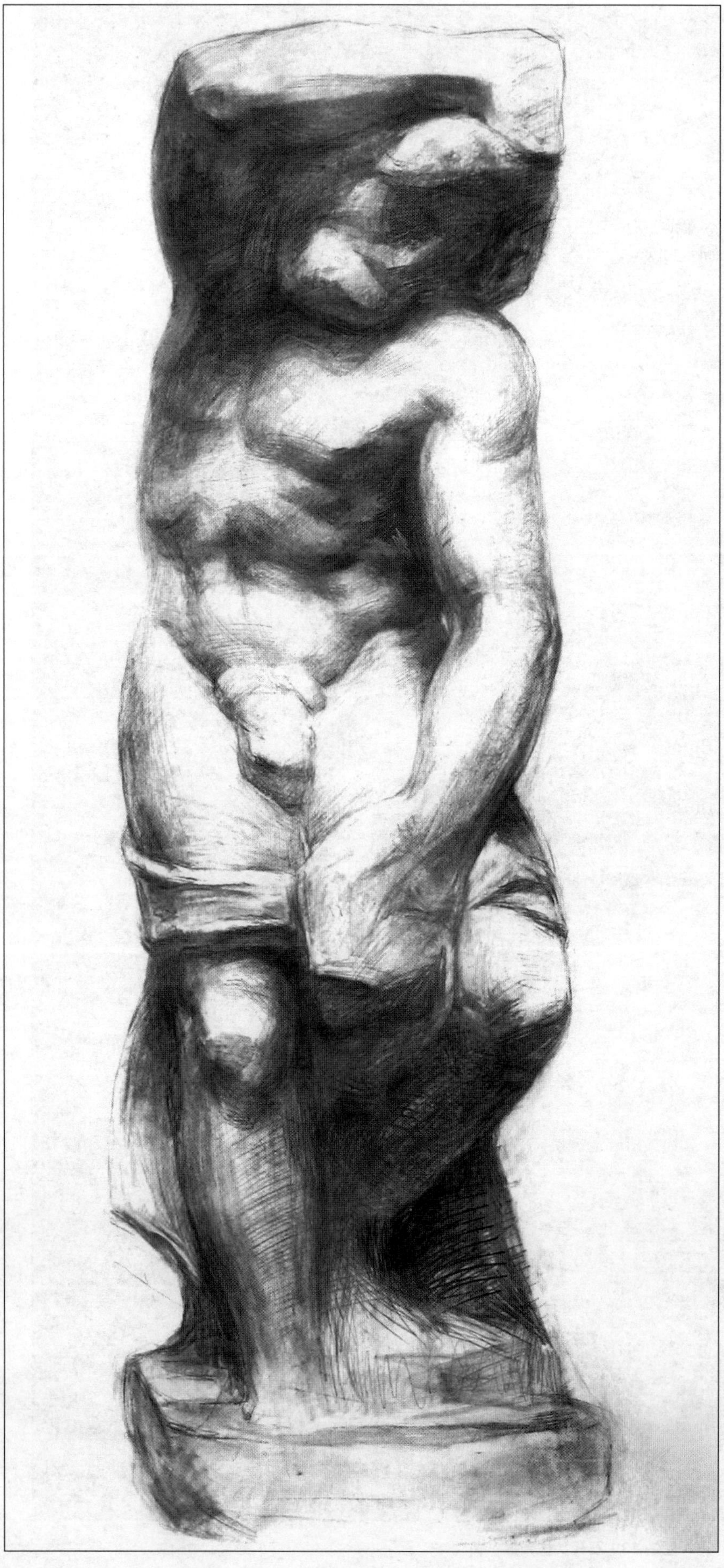

风景园林与园林专业的学生适当了解一些石膏人体素描与生活人物素描（图 2-74），对扩展自身视野有好处，有助于理解园林风景中人物雕塑与壁画的人文内涵。由于课时原因，人物素描可基本不予安排。

图2-74 未完成的奴隶

第3章

园林建筑的基本形象特点与画法

园林建筑是园林与现代景观写生的重要对象和创作的重要素材。在园林的整体面积与体量对比上，虽然建筑所占的比重很小，但其点景的重要作用往往是非凡的。

一个完整的园林环境，与人的家居环境具有“渊源”而密不可分的关系；人们居住、休憩、游览均离不开安全、舒适、美观的建筑与构筑物。仅从风景绘画的意义上讲，小体量的建筑，会使画面具有很重要的人文意义，产生鲜明的地域与民族特色，显现浓郁的生活气息及历史和文化的内涵。不论是园林风景、自然风景，还是民居风情风景，其山川河流、树木百花、自然万物都是“千年不变”的或是变化与更新速度相对缓慢的。而建筑，随人们对自然态度的不同，却呈现“稳重”与“激进”两种态势。中国的传统建筑，其形制、组合、种类千差万别，千变万化，同时又在整体艺术形式上显得相对稳重，现代建筑则因其多变和快速的花样翻新而显得激进。

稳重与激进这两种态势的并存，为我们解读既相互对立，又相互统一的社会的与自然的基本规律。人的活动痕迹与大自然的并存，为我们确立了一种和谐的关系。不论是稳重的还是激进的建筑，都提供了丰富多彩的风景绘画素材，而“对比”“统一”“和谐”又正是进行风景绘画创作时所应遵循的艺术规律与“规范”。这一规律又适应了人在生理感官上和心理上最基本的对于美的需求。

3.1　园林建筑的基本透视规律

园林表现绘画是写实主义的具象绘画艺术，必须完成空间表达的任务。要在平面的纸上正确表达空间深度，则必须了解和熟悉“透视”这一分析景物空间规律的基本手段。

透视规律有两个大的种类，即散点透视与焦点透视。散点透视难度较大，而且在现代景观设计表现绘画的实际工作中很少采用或基本不用，因此本教材不做分析。焦点透视在现代设计表现绘画中普遍采用，又为人们普遍认同和接受，因而焦点透视是现代设计学科透视教学的主要内容。

焦点透视由“平行透视”（一点透视）与“成角透视”组成。成角透视中又有“两点透视”“三点透视”（倾斜透视）与“多点透视”。这些透视的基本规律在“素描基础”一章中已叙，不再重复。透视规律是总结人们观察景物“近大远小”的视觉感受现象，以及概括人们观察景物时所采取的平视、仰视、俯视以及环视这四种视角得出的。前三种是相对静态的，视点要固定；而环视则是动态的，视觉焦点在视平线上左右移动，是动态的观察方式。

因此，本章对透视规律的分析，从上述这四种视角来进行，并且以平视、仰视和俯视为主，透视分析以园林建筑为例。

3.1.1 平视

在设计的效果绘画中，平视效果被称为“透视效果”，是最常用的生活视角。

（1）平行透视（一点透视）

图 3-1 为室外平行透视（一点透视）示意（花坛、花池）。

要点：①视平线穿过物体本身；②物象透视延伸线在视平线上有一个灭点；③物体正面的平线一定要水平，并都要与视平线平行；④物体正面的竖线条要互相平行并都垂直于底边。

（2）成角透视（两点透视与多点透视）

图 3-2 为成角透视（两点透视）示意（现代建筑）。

图 3-3 为透视角度大与小的确定（两点透视）示意（园林建筑）。

图 3-4 为建筑“出廊”进深度的透视（两点透视）示意（园林建筑）。

要点：①取景与构图时，物象的主观赏面应多展现些，因此可取较小的透视角度，物象的次要观赏面应少展现些，因此可取较大的透视角度。此点在画鸟瞰图时同理。②根据构图需要和表现物象在画面上体量的大小，在视平线上的两个灭点通常在画幅以外的左右两边。这一点在构图时一定要估计准确，判断和确定灭点的远近要基本正确并在感觉上要舒服。③物象上两个立面的所有平行线段都要分别向两端延伸消失在左、右两个灭点上，这两个灭点要在视平线上。所有竖线都要平行并垂直于底边。

图 3-5 为平行与成角相结合的多点透视示意（六角亭）。

要点：①此六角亭的底面与顶面都各有六条相等的边，这中间又各有三组相等并平行的对边，顶面与底面所有的边都相互对应。②每一组平行的对边都在视平线上有一个灭点。如底面有两组对边产生延伸线灭点，顶面和底面相对应的对边同样产生延伸线灭点，且这两个灭点重合，或称为共同灭点。③可取一组对边做“平行透视”处理。④在这种情况下，所有竖线条（如柱子）均要平行于中轴线并垂直于底边。中轴线左右两边的部分在尺度与体量上相等。⑤取景点离

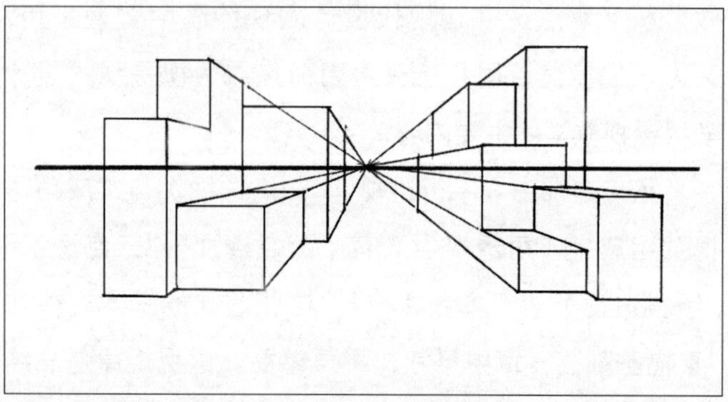

图3-1　平视（室外平行透视，即一点透视）　宫晓滨

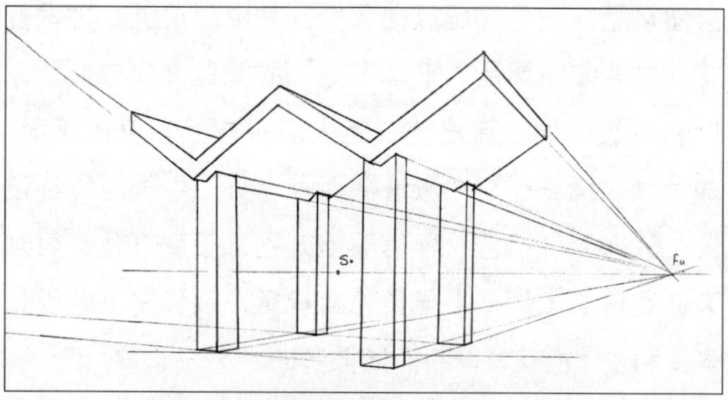

图3-2　平视（现代建筑的两点透视）　王珏

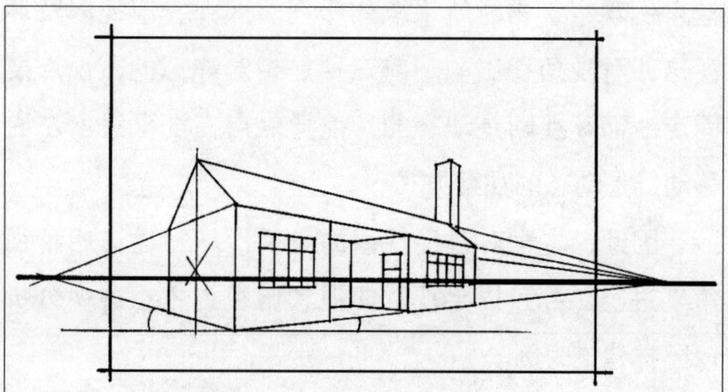

图3-3　平视 成角透视（两点透视）侧面透视角度大，主观赏面透视角度小　宫晓滨

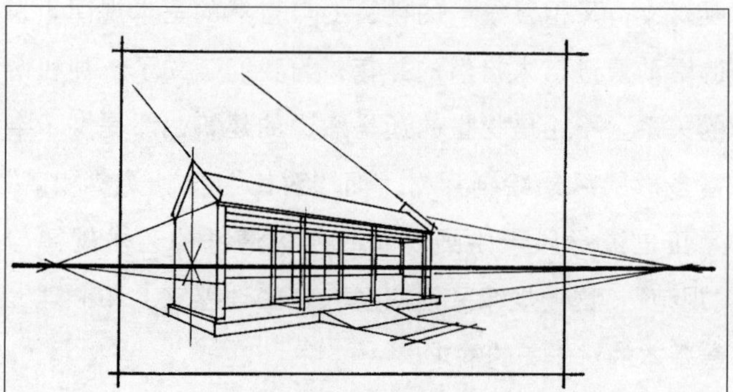

图3-4　平视 出廊建筑的透视关系（两点透视）　宫晓滨

物象越近则“透视感”越强；反之则越弱。当建筑物象在很远处并接近地平线时，则很接近“立面图”效果，而透视感则很弱。

3.1.2　仰视

在设计的效果绘画中，仰视效果也称为透视效果。

（1）成角透视——倾斜透视（三点透视）

图3-6为矩形体的倾斜（三点）透视（现代建筑）。

要点：①在仰视情况下，物体除了在视平线上有左右两个灭点外，平行的竖线发生倾斜变化，它们的延伸线在天上还有一个灭点，称天点。这样就出现了三个灭点，称三点透视。由于近大远小的原因，较高的矩形体会发生视觉上的倾斜变化，因此又称倾斜透视。②视平线的位置很低，取景点离物象越近，此透视现象越明显；反之则越弱。③中轴线一定要垂直于底边，否则这个建筑就是歪的。

（2）倾斜透视中的多点透视

图3-7为平行透视与倾斜透视的结合使用（多点透视）（六角亭）。

要点：①此图所示的是处于山顶上的一个正六角形攒尖式建筑，建筑整体均在视平线以上，是较明显的倾斜透视与仰视效果。②正六边形中可取一组对边做平行透视处理，其他两组为成角透视。③垂直的竖线（如柱子等）向上倾斜并延伸相交于天点。天点的位置一般都在画面以外很远的地方。

3.1.3　俯视

在设计的效果绘画中，俯视效果被称为鸟瞰效果。

（1）倾斜透视

图3-8为组合矩形体的鸟瞰（俯视）效果（三点透视）（现代建筑）。

要点：①在鸟瞰情况下，画面上视平线的位置要处于建筑物之上。建筑除了在视平线上有两个灭点外，所有的竖线均发生倾斜，并向下延伸相交于地点。地点的位置一般都在画面以外很远的地方。②视平线在

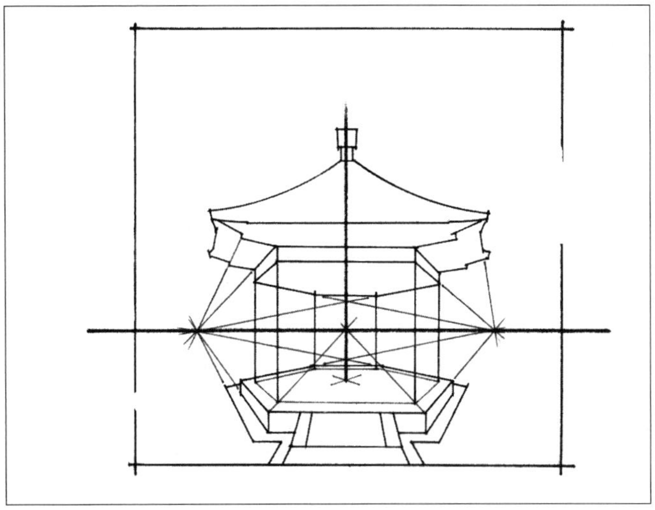

图3-5　平视 平行与成角相结合的多点透视　宫晓滨

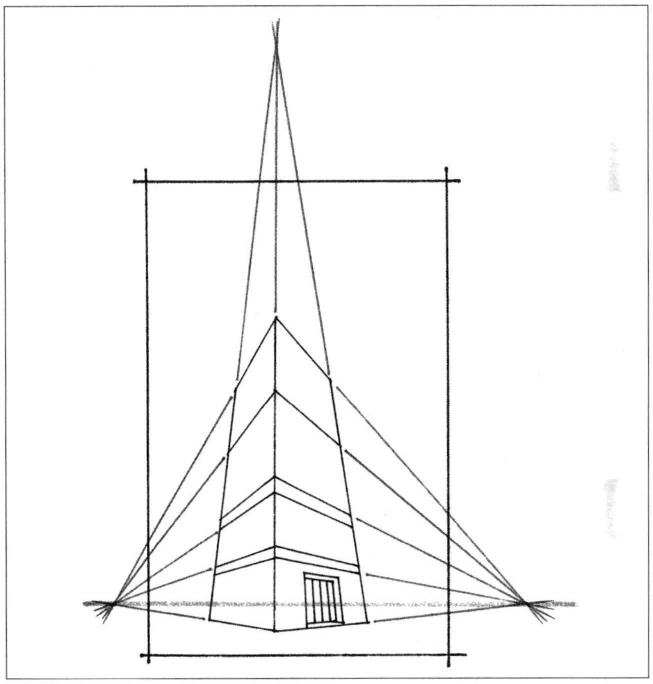

图3-6　仰视 倾斜透视（三点透视）　宫晓滨

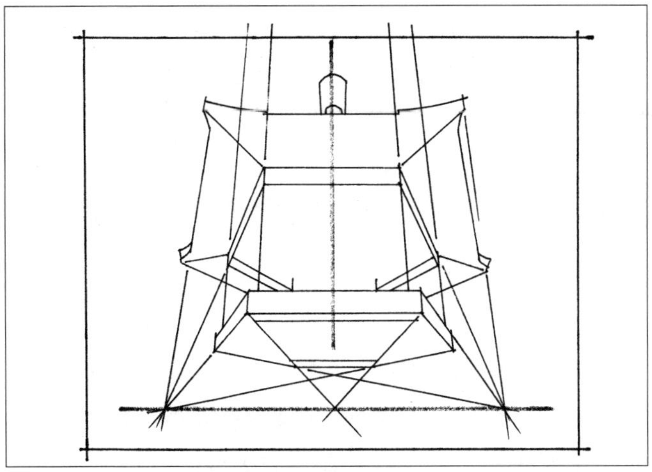

图3-7　仰视 平行透视与倾斜透视的结合（多点透视）　宫晓滨

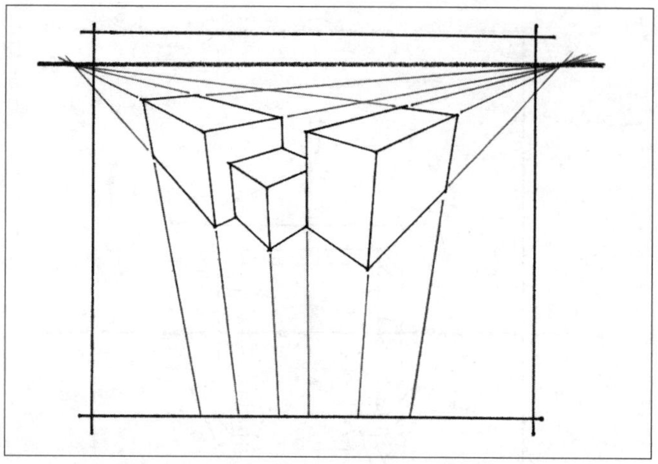

图3-8　俯视　组合建筑的鸟瞰透视（三点透视）　宫晓滨

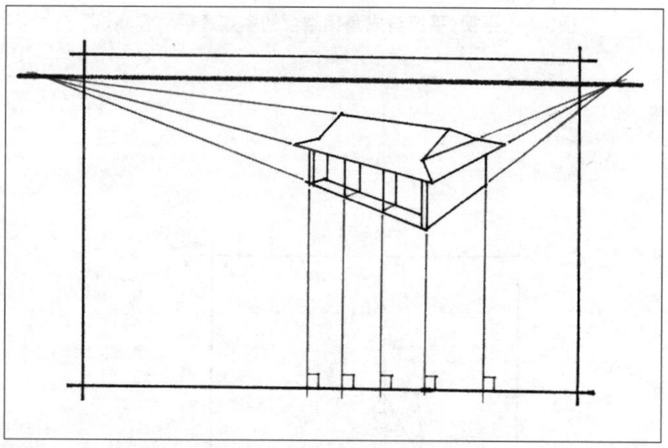

图3-9　俯视　鸟瞰建筑的两点透视处理　宫晓滨

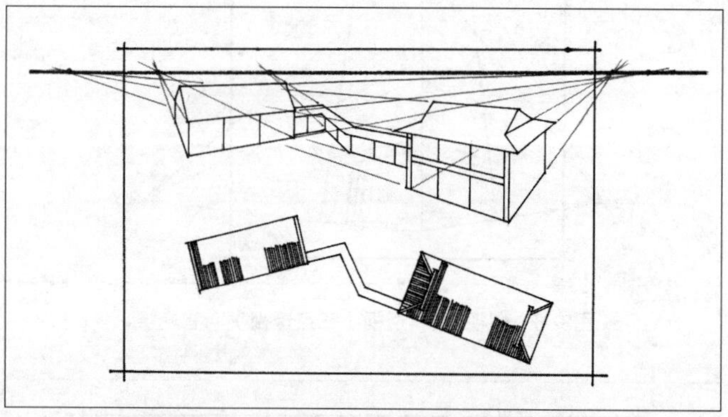

图3-10　俯视　不平行摆放建筑的透视处理（多点透视）　宫晓滨

画面上位置的高与低，绘画者可根据构图需要自定，并以偏高一些为好。

（2）多灭点的倾斜透视

图3-9为鸟瞰情况下两点透视的处理（园林建筑）。

要点：①在鸟瞰绘画中，建筑如果相对多，建筑群体在整体上展开的面积较大，在这种情况下，可以不考虑地点。建筑上的所有竖线都画成垂直于底边的形式即可。②出廊的建筑，廊的进深度要表达清楚，并一定要与建筑的整体透视关系保持一致。

图3-10为不平行摆放建筑的透视处理（鸟瞰下的多点透视）（园林建筑）。

要点：①在这种情况下，每幢建筑本身的透视关系最少要有两个共同的灭点。在不平行摆放的建筑之间的透视关系中可以产生多个灭点。②不论有多少个灭点，这些灭点一定要处于一条共同的视平线上。这样，画面上所有建筑的整体透视感就会是舒服的，建筑也会显得水平、正直。③在鸟瞰绘画时，由于园林建筑不是非常高大，而且又由于俯视角度合适，在这种情况下，所有建筑的竖线均可画成垂直于底边的形式。

3.2　园林建筑的基本形象特点

园林建筑的形式和种类繁多，可谓是千姿百态，不胜枚举。本教材根据绘画写生和创作中常见的园林建筑举例，以便进行其形象观察与认知。要求画园林建筑的外观形象时，尽量避免出现大的错误。

图3-11为中国传统园林建筑的几种形式（鸟瞰）。

（1）硬山

鸟瞰效果，并与底平面及顶平面对照。

这个建筑开五间，屋顶上有正脊与垂脊。

（2）歇山

鸟瞰效果，并与底平面及顶平面对照。

这个建筑开五间，前脸“出廊”，屋顶上有正脊、垂脊与戗脊。

（3）卷棚

鸟瞰效果，并与底平面及顶平面对照。

这个建筑开三间，前后“出廊”，屋顶上无正脊，有垂脊。

（4）卷棚歇山

鸟瞰效果，并与底平面及顶平面对照。

这个建筑开三间，四周“出廊”，屋顶上无正脊，有垂脊与戗脊。

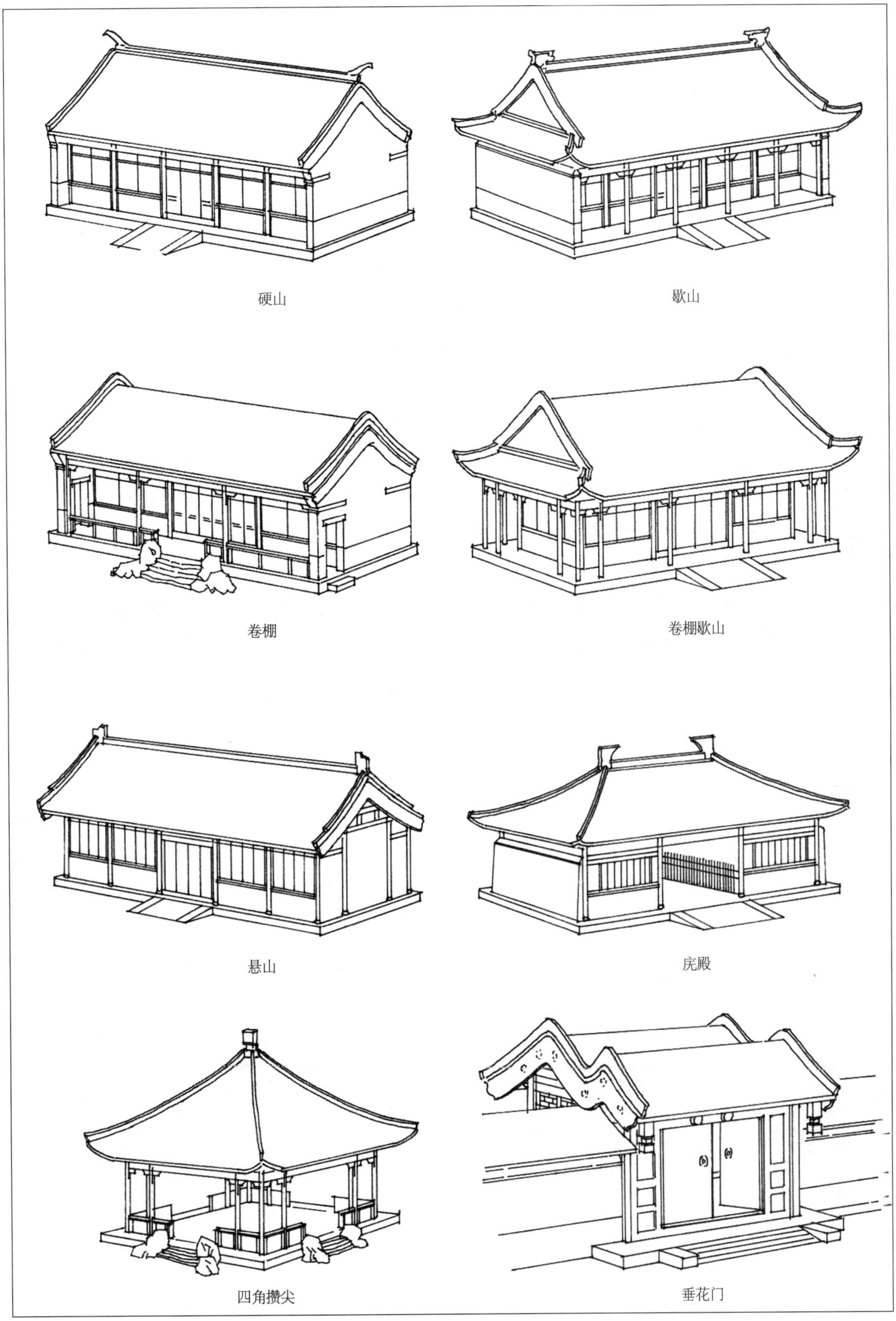

图3–11　中国传统园林建筑的几种基本形式　宫晓滨

（5）悬山

鸟瞰效果，并与底平面及顶平面对照。

这个建筑开五间，屋顶上有正脊与垂脊，博风板悬出，与山墙产生空间距离。

（6）庑殿

鸟瞰效果，并与底平面与顶平面对照。

这个建筑开三间，屋顶上有正脊和斜向伸出的垂脊。

（7）四角攒尖

亭，鸟瞰效果，并与底平面与顶平面对照。

四面开间相同，亭顶上有宝顶与斜向伸出的垂脊，中轴线要垂直，两边的部分要对应相等。

（8）垂花门

一殿一山式，鸟瞰效果。

两边悬出，并连接墙或围廊，垂花要探出显垂悬之态，屋顶为前山后卷。

园林建筑变化无穷，应在写生和生活中多观察，多了解，多记忆，并采取具体建筑具体分析的态度。

有关素描实例参见图 3-12 至图 3-16。

3.3 民　居

在绘画艺术和园林景观设计中，民居占有独特而重要的地位。民居具有突出的风情特性，在绘画和景观设计中，常以别具特色的民居为描绘对象和设计素材。民居以其浓郁的生活气息，强烈的民族风格和地域风情，令人赏心悦目的建筑艺术形式以及含蓄内在的历史渊源，给人以美的享受。

在进行民居写生时，首先应着重感觉它们之间在风格特点上的对比与反差，并有意识地强调不同地区民居其不同的艺术和建筑风格，重点突出其各不相同的个性与特殊性。把握住对象在风格特点上的新鲜感受，并尽量把这种感受在野外写生和室内设计绘画中，一气呵成地表现出来。

外国民居建筑，其形式与特点也同样表现在民族和地区的差异上，有了鲜明的对比，才会产生和谐统

图3-12　沧浪亭（歇山顶）　学生作业　李艺琳

图3-13　留园可亭（六角攒尖）　学生作业　李艺琳

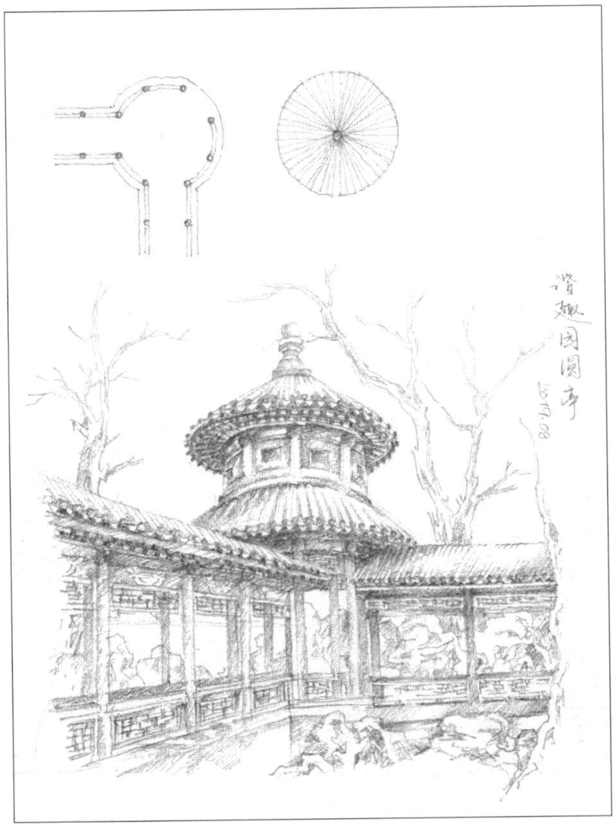

图3-14　谐趣园圆亭（八柱重檐攒尖）　学生作业　李艺琳

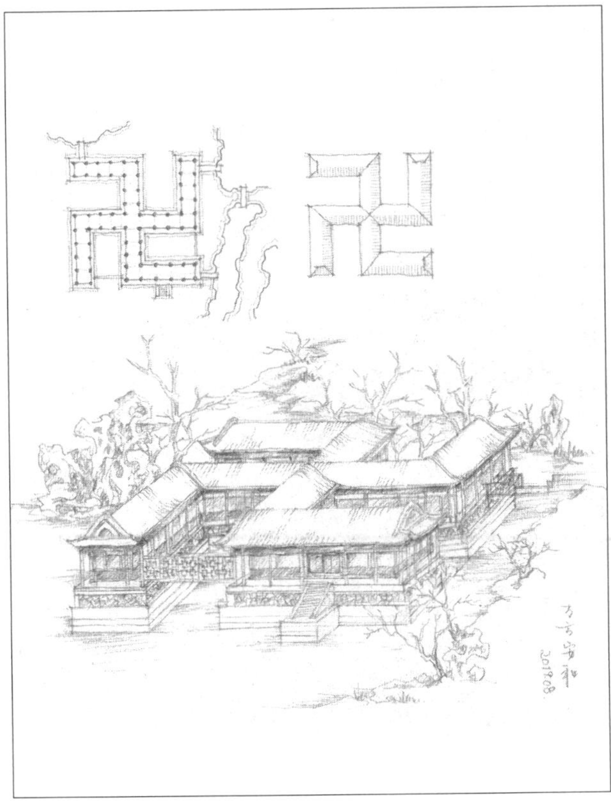

图3-15　圆明园万方安和（卷棚歇山组合）　学生作业　李艺琳

图3-16　绮明轩（四亭）　学生作业　陆潇潇

一。总之，民居本身带有很强的人文内涵与感情因素，写生与设计者也应带着较强的感情色彩，并采用具有较强艺术感染力的手法来表现民居。

民居种类众多，因篇幅有限，在此仅举数例，以供在形象特点与绘画技法上参考借鉴（图 3-17 至图 3-45）。

钟华老师和吴兴亮老师的民居素描，建筑形式与艺术特点很突出，各地区不同的建筑在风格的对比上也很显著，在民居建筑形式研究上表现出很高的造诣。在素描绘画技法上，熟练自如地采用以黑白灰不同调子对比的手法，并在关键处略略施以准确而洗炼的轮廓线条，使建筑形式、体面与光影效果结合巧妙，形象生动，是临摹与研究上很好的范本。

图3-17 民居景观 学生作业 刘琳琳

图3-18　民居水阁　学生作业　张琼珊

图3-19　仿古建筑　学生作业　刘博新

图3-20　民居巷门　学生作业　彭路

图3-21　侗族民居　学生作业　孙晓倩

图3-22　胡同民居　学生作业　陈涵宇

图3-23　民居水巷　学生作业　陆瑶

图3-24　民居小景　学生作业　张莹

图3-25　皖南民居（1）　钟华

图3-26　乔家大院局部　学生作业　李轶群

图3-27　北方民居（1）　钟华

图3-28　北方民居（2）　钟华

图3-29　湘西吊脚楼　钟华

图3–30 福建民居——圆形土楼 钟华

图3–31 皖南民居（2） 钟华

图3-32　皖南民居（3）　钟华

图3-33　东南亚旅店　钟华

图3-34　布依石屋建筑　吴兴亮

图3-35　民居写生步骤　许文俊

（1）步骤一——起形　（2）步骤二——铺大色调　（3）步骤三——调整完成

威尼斯是世界著名的水城，威尼斯的水路非常发达，地上交通由各种建筑物在蓝天、阳光下焕发着别样的神采，来自世界各地的游人，徜徉其间。斑驳的老墙，强烈的光照，大面积的投影构成画面的主调。

图3-36　威尼斯的阳光　邢若男

在罗马街头经常可以看到不同历史时期的建筑物和谐地在同一画面出现，这些不同材质、不同质地、不同风格的建筑和文物古迹构成了有趣的城市肌理，而来自世界各地的游客，在惊诧于意大利超前的文物保护意识的同时，还可以尽情分享罗马王朝留给这个世界丰富的文化遗产。

图3-37　罗马街景　王苡同

图3-38 外国现代建筑——邮局 王靖华

图3-39 外国现代建筑——市政厅 王靖华

图3-40　外国现代建筑——商店　王靖华

图3-41　徽派民居写生
王琳

这组小景通过两棵大树表现出极简废弃小平房。根据视角拟定透视关系，画出大致的轮廓。用短促的排线画出树冠的调子以及枝干的形状，旧工具房的门窗及晾晒的衣物、木梯子等细节，明确明暗调子和质感，近处草地用极短的线条画出成簇的形态。有树木筛落斑驳阳光洒落在屋顶上，强调景物大体明暗和虚实关系，调整画面中空间层次以及线条的疏密。

作品通过光影表现空间结构关系处理较好，画面中黑白关系对比强烈，构图以斜线方式切割画面，富有节奏感。

图3-42 无题 学生作业 陈治儒

该幅风景素描，黑白灰调子表现清晰，对于颜色层次的安排看得出比较有细节的考虑，画面中用单色调子表现空间感到位。

图3-43 风景照片素描 学生作业 王雨露

图3-44　无题　万蕊

这张写生作品的题材为平乐古镇的生活场景。写生的过程是绘画语言的转译过程。写生时需要将眼前所见表现为空间、造型、线条、色彩等语言组合，将平时的绘画学习做总体融合梳理。写生过程同时也是感知当地生活的过程，平时路过的场景，通过画面上的逐个表现，变成了生活中逐渐积累的故事。对于作者而言，通过写生感应到的远大于画面内容。

图3-45　风景照片素描　学生作品　高郁菲

第4章 园林植物的基本形象特点与画法

植物写生在园林素描中是主要训练内容之一，是风景写生必须掌握的重要环节。加强植物的素描研究有助于提高园林植物表现力与环境综合绘画水平。树木与花卉在园林素描绘画中是主要的研究内容，素描写生中对于植物的形态概括和结构理解，是训练从复杂的自然环境中正确观察与选取植物素材，组织画面以及绘画能力的有效途径。通过本章的学习，重点要掌握典型植物形态的高度概括能力与基本表现技法（图4-1至图4-4）。

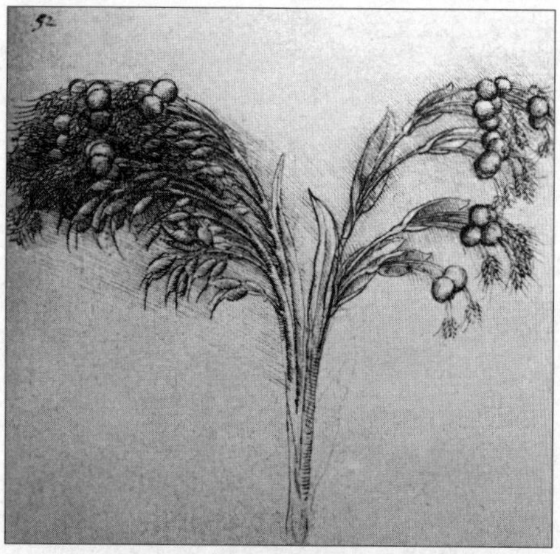

图4-1 ［意］达·芬奇

图4-2 ［俄］列维坦

图4-3 ［俄］希施金

图4-4 ［俄］希施金

4.1　树　木

4.1.1　植物形体理解

植物种类繁多，不同种类的植物形态差异较大，认识树木不同的自然形态是把握植物写生造型的前提。初学植物素描写生很容易被植物的细节特点吸引，很多时候注意力不容易放到整体的概括和理解上。画面上常见的问题有：缺乏整体的画面气氛，细节过多，整体形态不够突出。

远、近、中三个景深空间中的植物均具有自然的形体特点，在观察的过程中很容易感受到不同的细节与层次。远景细节较少，轮廓突出；近景细节充分，局部特点突出；中景植物轮廓与细节充分恰当（图 4-5）。

风景绘画和静物绘画的不同之处在于空间范围的扩大化，影响绘画的因素增加。例如，空间范围大，各种物象纷繁庞杂，光线变化快，生态环境形式多样，季节性特征突出，阴晴转换变化多等。因此，在风景绘画中合理地安排不同空间层次的物象对于画面空间的营造起到很大的作用。植物的变化是丰富多样的，所以研究如何艺术地再现植物的形态与特征，艺术地表现风景中存在的美感是园林设计者必须重视的训练内容。

植物形态的多样性、复杂性是描绘素描绘画要解决的重要内容，植物的刻画程度往往对画面气氛的营造起到至关重要的作用。植物可以处在画面不同的景深位置，合理的构图、明暗，以及线条排列方式的处理，可以产生不同的景深效果。植物的空间形态可以帮助画面产生直接的前后位置关系，在风景素描写生中，主观地安排与表现植物是进行写生的有利训练方式。

（1）植物形态与“形”的关系

植物形态有圆形、三角形、不规则形等（图 4-6）。用简单的几何形概括植物的形象特征是理解植物外轮廓的有效方法。这种具有平面特征的几何形体主要反映了比例关系与形象特点。加强对二维整体特征的理解，有助于抓住树木的大体印象，写生应当合理地理

图4-5　不同景深空间植物的关系　秦仁强

解植物疏朗轮廓的本质特点，合理区分枝、干、冠的比例关系。

（2）植物形态与“体”的关系

植物形体有球体、锥体、组合体（图4-7、图4-8）。“形”的旋转关系形成了具有深度空间的“体”。对于几何体特征的理解，是对植物的真实空间关系的概括；自然中，植物是具有空间的形体，写生时应合理地理解植物所处的空间关系。重点理解明暗体积关系。

植物的枝、干、叶关系密切，对于叶片组成的树冠，观察时注意成组与成团的体积感受，可以将几何关系包含的“形”与“体”综合考虑，在表现时根据叶片的特点合理地安排光线形成明暗体积，利用适当的线条关系概括；枝杈的穿插应当与体积的位置相关联，绘画中，疏松的空隙是表现穿插的虚空间，适当将分枝概括出黑白变化；在主干的变化上要注意树冠下的颜色重些，到地面的一段，理解成柱体的变化，考虑体积色调，关键要注意肌理与材质的树皮纹理特征。

4.1.2 树木的画法

树木的组成：根颈、主干、主枝、次枝、树梢、叶。

（1）根颈

根颈是树木和地面接触的部分，是支撑整棵树的基础，立地要稳当，扎得牢。一般近处的树木多露根，合理的刻画可以直接反映出树木生长的外部环境。例如，根颈与石头、土地、草坪等的结合。在树木的绘画学习中，根部的刻画可以有助于理解树木的体积关系和质感效果。

冬景树木（枯枝树木）画法步骤：冬景树木写生

图4-6 植物形态与“形”的关系

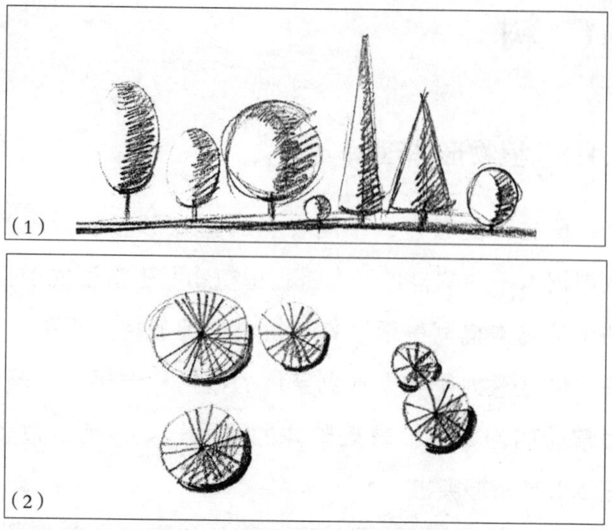

图4-7 植物形态与“体”的关系

（1）立面图
（2）平面图可以很好地理解植物的空间体积特征，绘画时结合立面特征与球体、柱体的理解是刻画树木的关键

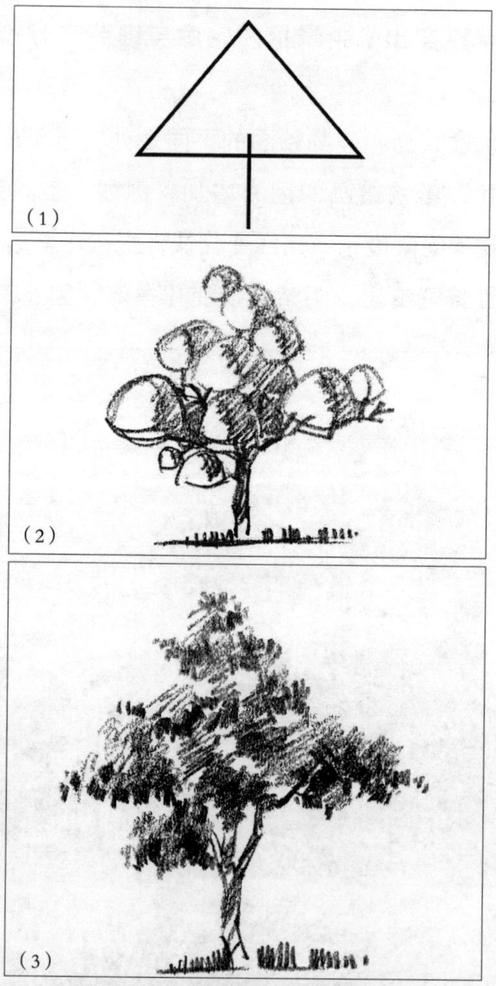

图4-8 植物的形与“体”的表现

（1）平面上建立概括的形的特征，抓住主要特征
（2）体积的理解与概括，注意团块的位置与前后空间关系，将暗与光影的关系表现出来
（3）写生时，抓住比例与体积的关系，利用合适的线条进行理解与概括，注意团块的疏松感觉，枝杈的穿插，明暗与线条的轻重，合理地利用铅笔的笔触效果，将树木的生命力表现出来。位置与前后空间关系，能将明暗与光影的关系表现出来

是理解树木构成形态的有效手段，从控制树木整体动态形的角度出发，重点训练敏锐的观察力和枝干层次轮廓变化刻画（图 4–9）。

（2）主干

主干直接反映树木的高度与比例关系，是支撑树木的重要部分，在绘画画面中的位置关系十分重要，应当注意体积的表现，研究黑白灰的画面关系。圆柱体的理解是加强体积感觉很好的途径。表面纹理的刻画应当结合体积合理表现（图 4–10）。

（3）主枝

主枝反映树冠形态的主要分枝结构，在中景中应当注意体积的表达与刻画（图 4–10）。

（4）次枝

次枝的疏密关系可以反映出树木冠幅的丰满程度，也是增加树木生动形态的重要绘画语言（图 4–10）。

（5）树梢

树冠的直接外部特征，在树木的冬态中可以很好地理解树梢和树干等对比的疏密关系，外密里疏、下疏上密是树梢整体外部印象（图 4–10）。中近景中应当加强树梢部分的刻画，以体现植物的疏密关系。

（6）叶

叶是区别树木间的主要局部特征之一，近景中的树木，注意树种叶片特征和树木形态适当表达，加强整体印象，在体积的塑造中，合理地领会特点的表现。

要思考植物向心生长与辐射的基本规律，树木枝干生长关系所体现的空间规律，分枝具有四面性，无论大树小树都要注意理解这种空间关系。分枝的前后穿插关系是树叶分布的基础，也是树冠体积产生堆积效果的直接原因。绘画时，注意不要仅仅考虑左右的分枝变化。

4.1.3　常绿树种的画法

（1）松树

松树是自然和园林环境中的常见树种，枝干变化个性突出，树形优美，独立成画，整体状态多变，一般主干挺拔有力，鳞片感觉强烈，疤节明确，枝条虬劲多变，叶片针状成簇，特点突出。作画时，注意抓

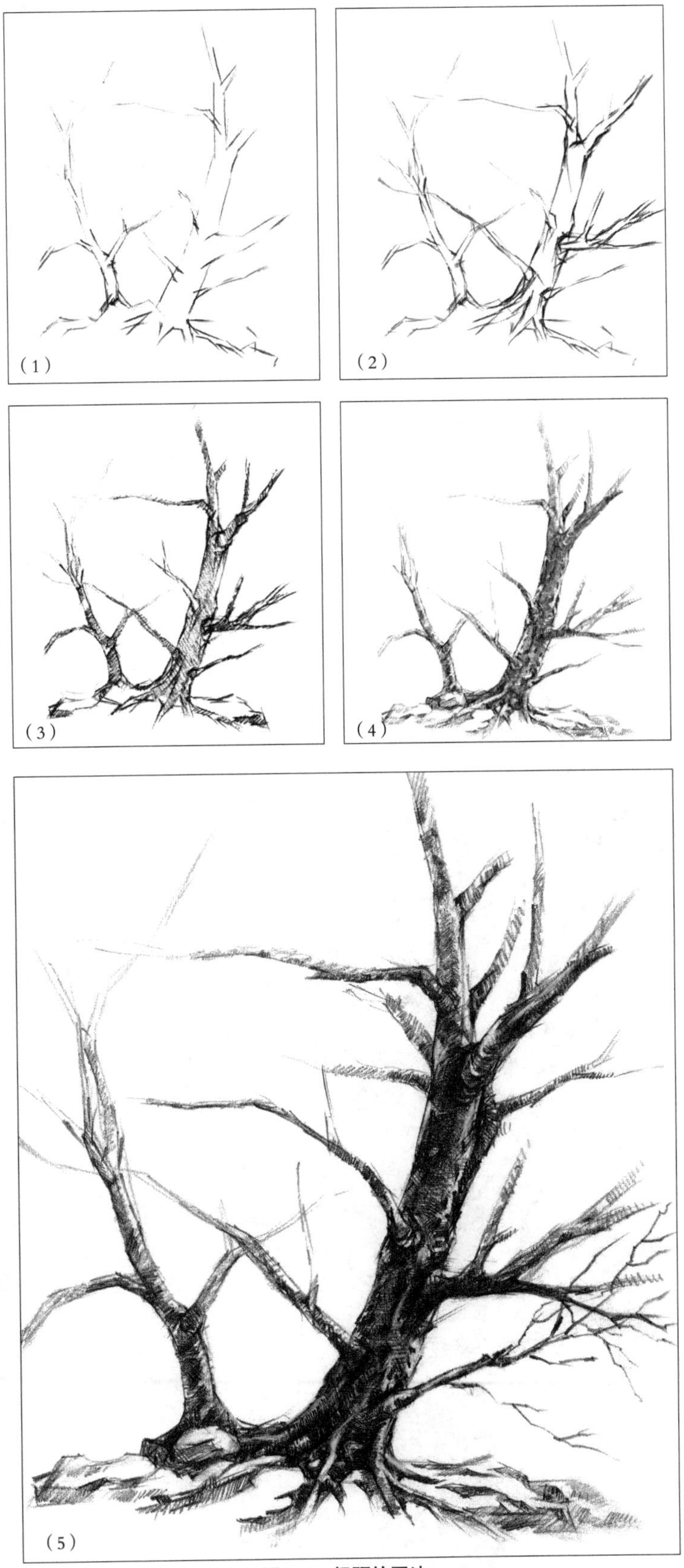

图4–9　根颈的画法

（1）利用2B与3B铅笔，采用简单的直线方法概括出树木的轮廓，注意线条的轻重变化
（2）将植物的主要分枝及其前后位置关系分析出来，注意主枝与次枝的关系在线条上做一定区分
（3）排列线条概括出枝干的明暗关系，注意特点的突出与阴影的位置
（4）进一步充实刻画
（5）整体刻画，注意树木体积与质感的塑造，在注意枝条空间远近关系的同时，区分出线条上的轻重，注意地面与树根的关系要恰当，扎得牢且自然

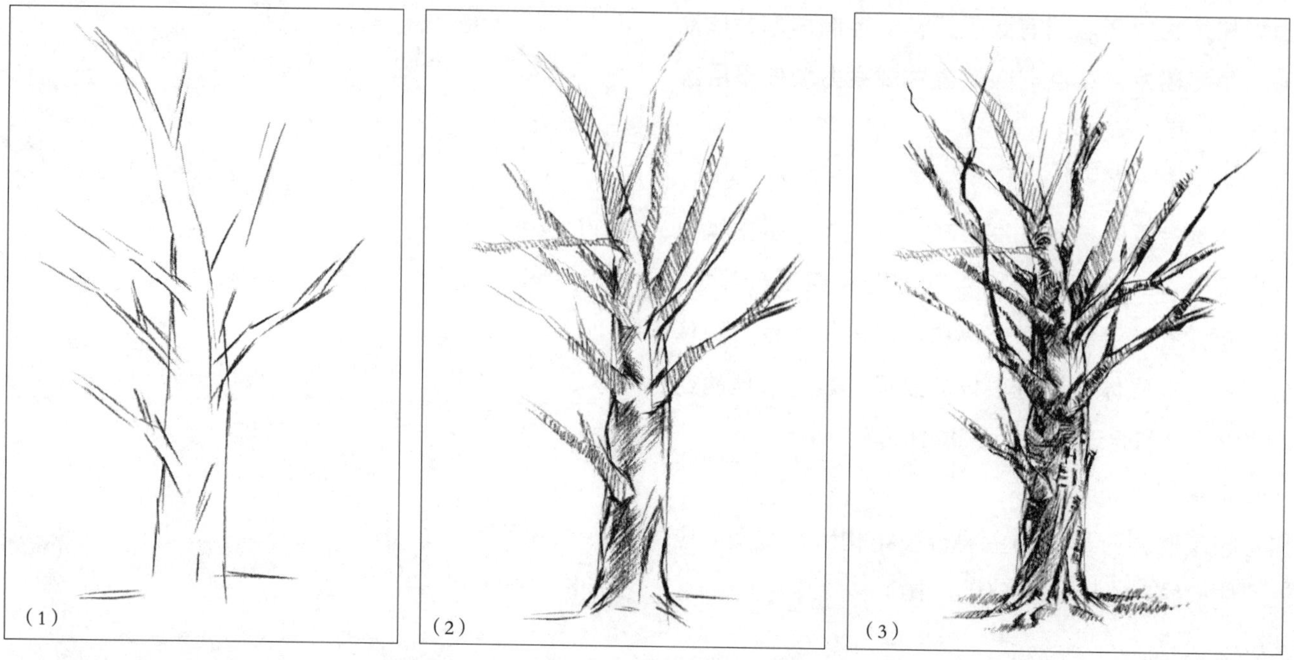

图4-10 树木的主干、主枝、次枝、树梢等的画法 秦仁强

（1）主干，应当注意体积的表现 （2）中景的表达与刻画 （3）次枝的疏密关系表现 （4）树梢与树冠等对比的疏密关系

图4-11 松林［俄］希施金

住树形轮廓整体感受，概括顶部树冠总体形状，确定大的树枝变化趋势，以及明暗分布规律，加强树干的材质和变化处理。枝叶部分，抓住叶形变化，用有规律的线条，结合松针生长规律，直接画出。枝干的前后、穿插、伸展关系，应当注意虚实处理，利用深浅色调区分枝条变化的特点。在树叶和树枝外形的整体感上利用变化的线条，突出生长的力量感和种类（图4-11、图4-12）。

图4-12　松树画法　秦仁强

（1）步骤一　（2）步骤二　（3）步骤三　（4）成图

（2）雪松（整体刻画）

雪松是园林环境中常见树种，树形优美，整体呈塔状，一般主干隐藏于枝叶丛中，侧枝向四周伸展，垂挂，叶片针状成簇。作画时，将树形轮廓整体概括为三角形，注意三角形状的比例特点，确定大的树枝变化趋势，以及明暗分布规律，从暗面画起，逐步过渡到灰层次，在注意前后位置关系的同时加强大片树枝交错产生的前后、虚实关系，利用色调深浅区分枝条变化的特点，在整体感上需要进行主观的刻画和处理（图 4-13、图 4-14）。

图4-13　雪松的画法　*秦仁强*

（1）步骤一　（2）步骤二　（3）步骤三　（4）成图

图4-14 雪松 周欣

（3）柏树（枝、干、冠的局部与整体刻画）

柏树是古典园林环境中常见的常绿树种，树形古朴、优美，整体呈卵状，一般主干表面纹理突出，力量感强，枝条隐藏于叶丛中，侧枝向四周伸展，上扬，每个枝条独立成簇，似火焰感，稍显复杂。作画时，将其树形轮廓整体概括为卵形，注意内部分布枝条独特的个性形状以及比例特点，确定大的树枝变化趋势，以及明暗分布规律，从暗面画起，加强成簇的枝叶变化特点，在注意前后位置关系的同时加强大片树枝交错产生的前后、虚实关系，并注意利用有序的线条深浅表达枝条末端和轮廓之外的变化特点（图4-15至图4-17）。

4.1.4 乔木

（1）一般乔木（枝、干、叶的三种形态）

乔木在自然和园林环境中是最常见的主体植物群落。乔木具有形体高大、主干明显、分枝点高、寿命长等特点。依据形高分为大乔木、中乔木、小乔木；依据落叶性可分为常绿和落叶两种；叶形有针叶和阔叶之分等（图4-18至图4-22）。

（2）椰树、棕榈

椰树是热带较常见的常绿植物。椰树形体修长，自然优美，独立成画。叶片大且优美，集中分布在顶端。素描写生时，应当抓住椰树的特点，抓住树干形态的变化与动势，根据其空间远近的不同位置，进行详略刻画。远景加强姿态的刻画，近、中景中注意叶形与主干的纹理刻画，使其生动自然（图4-23）。

棕榈在园林环境中，应用广泛，其叶形大，团扇形，低处叶梢部分易分散，也是独立成画的植物素材。素描写生时，应当抓住棕榈的特点，抓住树干顶部枝叶端部的形态，注意四周环绕的叶柄动势，根据其空间远近不同位置，进行详略刻画，远景注意姿态的刻

图4-15　柏树（1）　秦仁强

图4-16　柏树（2）　秦仁强

图4-17　柏树（3）　秦仁强

图4-18　一般乔木的画法　秦仁强

（1）步骤一
（2）步骤二
（3）步骤三
（4）成图

图4-19　乔木（1）　秦仁强

图4-20　乔木（2）　周欣

图4-21　乔木（3）　周欣

图4-22　柳树画法　秦仁强

（1）步骤一　（2）步骤二　（3）步骤三　（4）成图

柳树的刻画要抓住形态的特点，在表现叶团时要有主次的概括与变化，抓住主干与主枝的穿插，树形的轮廓以及树梢的变化，在中景与近景中适当加强树干皲裂的肌理特点；远景中概括枝条的动势是突出柳树特点的方法。

图4-23　椰树　秦仁强

画，近、中景中注意叶形、主干、叶尖端以及树皮长势的纹理刻画，使其生动自然（图 4-24、图 4-25）。

4.1.5　灌木

（1）一般灌木

灌木无明显的主干，多呈丛状，基础根部分枝丫较多；落叶与常绿皆有，有大小灌木之分。园林环境中多修剪成形，在自然环境中变化丰富，常绿灌木体积感强，落叶灌木姿态优美（图 4-26）。

灌木在园林应用中较普遍，可以丛植，亦可孤植，很多时候作为配景树木出现，对于丰富植物群落的中下层空间有重要的作用。绘画时，应当注意枝叶的特点以及分枝的形态与特点，结合画面的需要，可以刻画突出，但是很多时候都是为了烘托画面气氛，所以不宜过分刻画，以免喧宾夺主。枝条的分枝应当干脆利落，近景中，大的枝干要适当注意体积的表现，分枝要有远近以及疏密变化（图 4-27、图 4-28）。

图4-24　棕榈（1）　秦仁强

图4-25　棕榈（2）　秦仁强

图4-26　一般灌木（1）　秦仁强

图4-27　一般灌木（2）　秦仁强

图4-28　一般灌木（3）　秦仁强

（2）观赏竹的局部与整体刻画

观赏竹在我国园林中应用很普遍，可以丛植，亦可三两杆孤植成画，历来为文人雅士所推崇。素描绘画时，远景注意丛植特点以及竹叶层次的形态与特点，结合画面的需要，整体刻画，近景加强对叶形特点刻画，大的干要适当注意分节的位置和体积的表现

（图 4-29 至图 4-32）。

（3）芭蕉

芭蕉在我国传统园林中应用很普遍，其叶形优美，干形简单，叶缘多开裂。素描绘画时，可以采用速写的方式，下笔造型，概括出明暗的变化以及动势的特征，远景中注意形态与特点，近景中突出对叶形特点刻画，叶柄的分支方向与位置，主干上调子的概括（图 4-33 至图 4-35）。

排线的方式有助于芭蕉特点的描绘，顺应形体的线条主观且具有深浅调性的倾向。

4.1.6 草丛（坪）与地面

草坪在园林应用中主要有自然式草坪和规则式草坪两类。

（1）自然式草坪

自然式草坪利用自然地形的变化，形成自然的闭合与开朗的原野草地风光，周边树木的变化，多为自然式变化，如树群、孤植树、树丛等丰富了草坪的空间变化。在城市人居环境中常见的多为修剪草坪，而游人密度小的空间中多为高草坪与嵌花草坪，富有野生群落的感受，水滨、湖畔、河岸周边多有这种引人入胜的画面。写生时应当加强这种疏朗与自然特点的认识。

（2）规则式草坪

规则式草坪外形上具有规则的几何轮廓，常用于规则式的园林环境中及花坛、道路、建筑、小品等周边的轮廓样式。

如图 4-36 至图 4-39 所示。

图4-29 观赏竹（1） 秦仁强

图4-30 观赏竹（2） 周欣

图4-31 观赏竹（3） 秦仁强

图4-32 观赏竹（4） 周欣

图4-33 芭蕉（1） 秦仁强

图4-34 芭蕉（2） 秦仁强

图4-35 芭蕉（3） 周欣

图4-36　人工草坪与园路　秦仁强

图4-37　自然式草坪的表现方法（1）
秦仁强

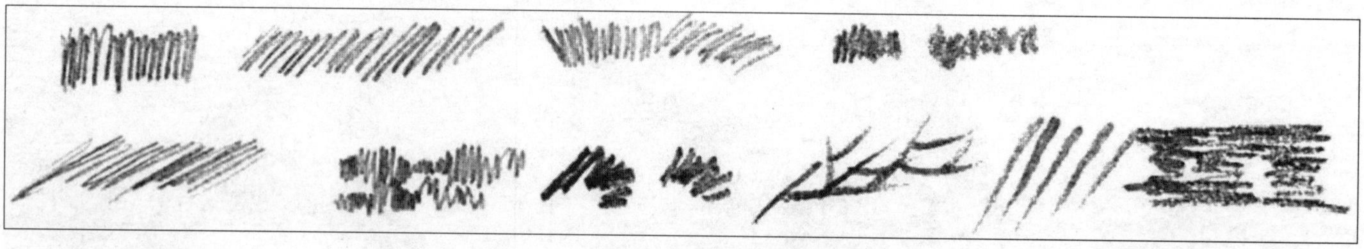

图4-38　自然式草坪的表现方法（2）　秦仁强

图4-39　草与石的结合　秦仁强

4.1.7　植物组合的表现与基本技法

（1）高、中、低；左、中、右；前、中、后三个层次的树丛组合

在《芥子园画谱》中对于植物的构成做了如下描述：“二株树有两法，一大加小，如扶老，一小加一大，如携幼”“老树须婆娑多情，幼树须窈窕有致，如人之聚立，互相顾盼”；对于高低错落的描绘，“最忌根顶俱齐，状如束薪，必须左右互让，穿插自然”。画谱中的意思可以理解为，构图作画的时候，应当注意高低错落，顾盼呼应的构图关系。一般的树木构图可以将“三角形”构图的方法作为画面空间的分割依据，把三株树理解为基本的构图原则，进行拟人化处理，一个为主体，其他二树作为客体，把“三株一丛，二株宜近，一株宜远，以示别之。近者曲而俯，远者宜直而仰。三株一丛，二株枝相似，另一株枝宜变，二株直上，则一株宜横出，或下垂似柔非柔……”（图 4-40 至图 4-43）。

（2）乔木（常绿、落叶）、灌木、花丛、草地四个层次的局部组合

在植物群落的描绘中，应当注意形式上的变化及虚实穿插关系。要高低错落，大小相顾，画面的天际线丰富多变，前后错落，大小穿插，结合树种配植的现状，营造出画面上的疏密相间、密中见疏的画面关系（图 4-44）。

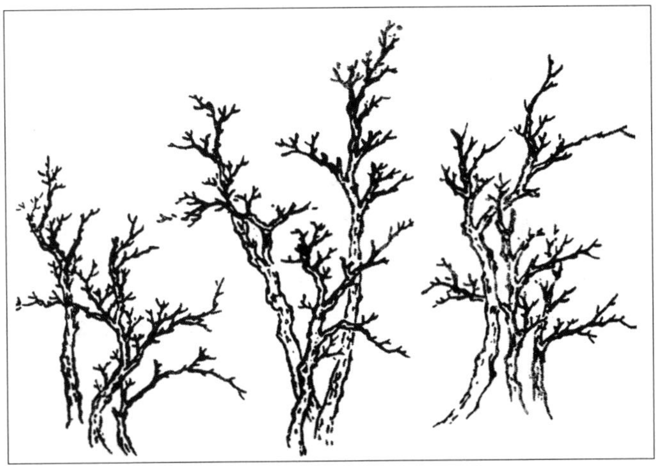

图4-41　树木组合（2）　秦仁强

图4-42　树木组合（3）　秦仁强

图4-40　树木组合（1）　秦仁强

图4-43　树木组合（4）　秦仁强

（3）植物组合与叶团、枝干组合“丛三攒五”的基本规律

园林中，三株植物配合多为姿态大小有差异的同种植物，忌连成直线或等腰三角形。往往三株距离不相等，大株和小株成一组，中株远离一些成一组，彼此呼应，构图不至于分割，灌木、乔木、常绿或者落叶都比较常见。画写生时候，应当从平面的理解上加强这种构图上的变化与组合。

五株植物配合，可以是一种或两种植物组合，分成3：2或4：1组合变化，空间上往往呼应变化，写生时，同样需要理解这种变化。《芥子园画谱》中说：“以五株既熟，则千株万株可以类推，交达巧妙，在此转关。”

如图 4-45 至图 4-50 所示。

有关树木的画法可参见图 4-51 至图 4-73。

图4-44　植物组合的画法　秦仁强

（1）步骤一　（2）步骤二　（3）步骤三　（4）成图

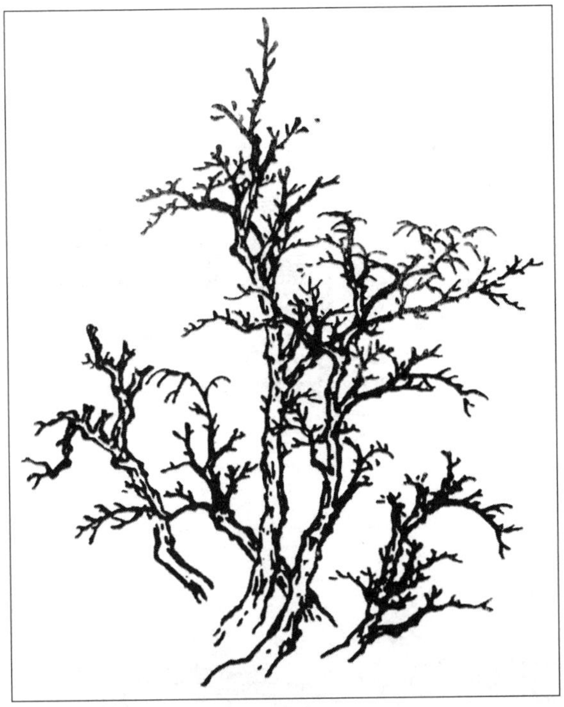

图4-45　五株植物组合画法　秦仁强

图4-46　树丛　秦仁强

图4-47　植物在自然环境中的组合变化　秦仁强

图4–48　植物的调子变化与环境的处理对比　秦仁强

图4–49　植物组合的变化　周欣

图4–50　植物在自然环境中组合　秦仁强

图4–51　树干　学生作业　吴雪婷

图4–52　树丛　学生作业　黄昭建

图4-53　树林　学生作业　姜珊

图4-54　水边树　学生作业　高淑铭

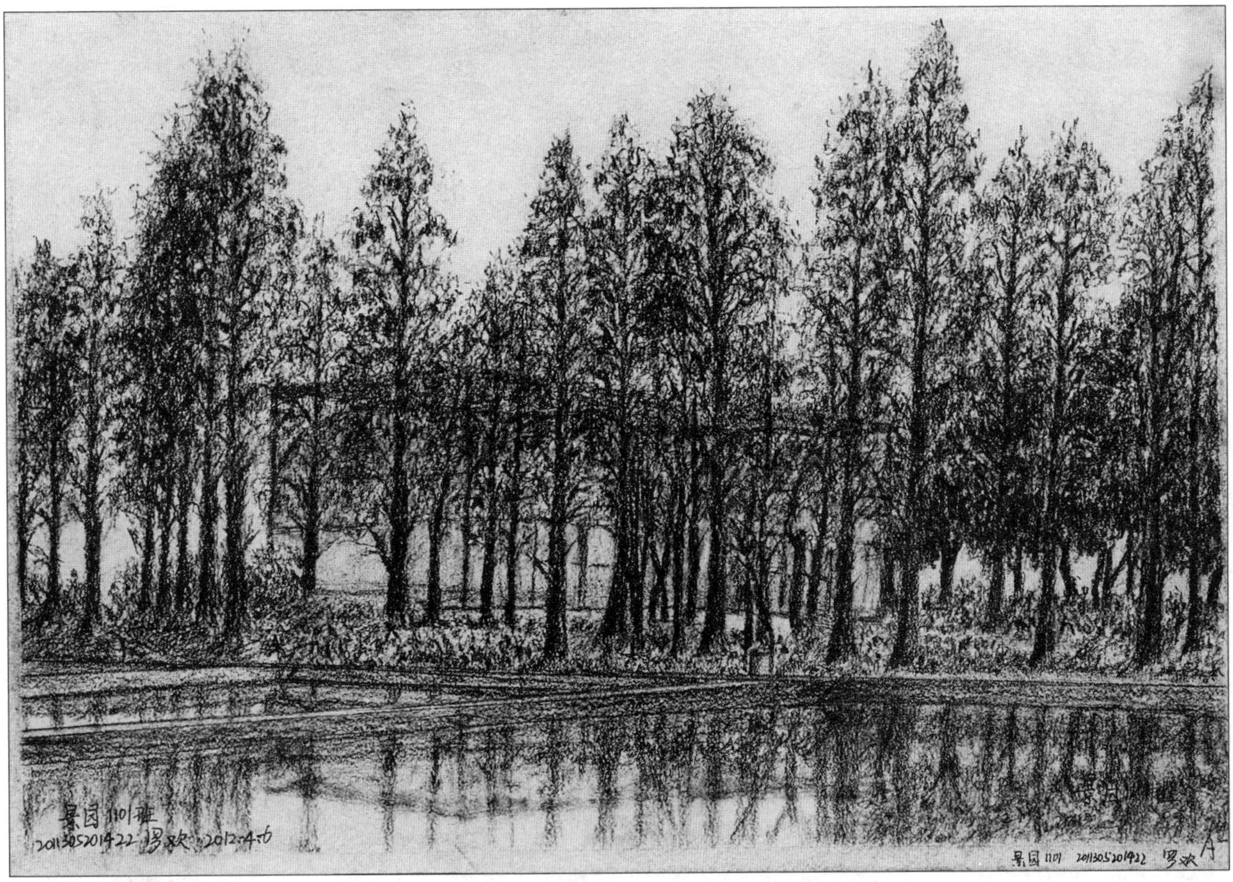

图4-55　树林　学生作业　罗欢

图4-56　曲桥树木　学生作业　黎艺璇

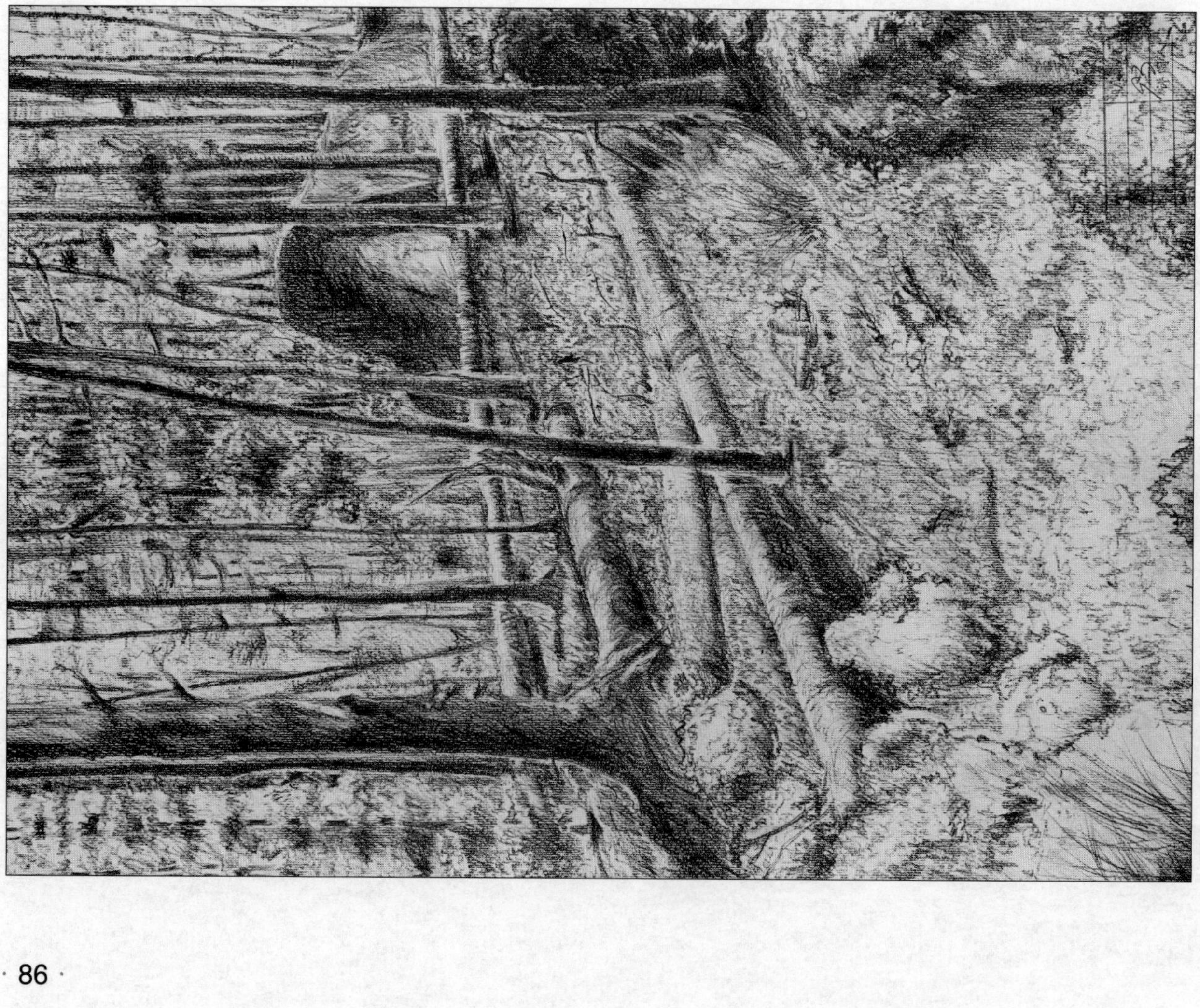

图4-57　树林　学生作业　曲铭

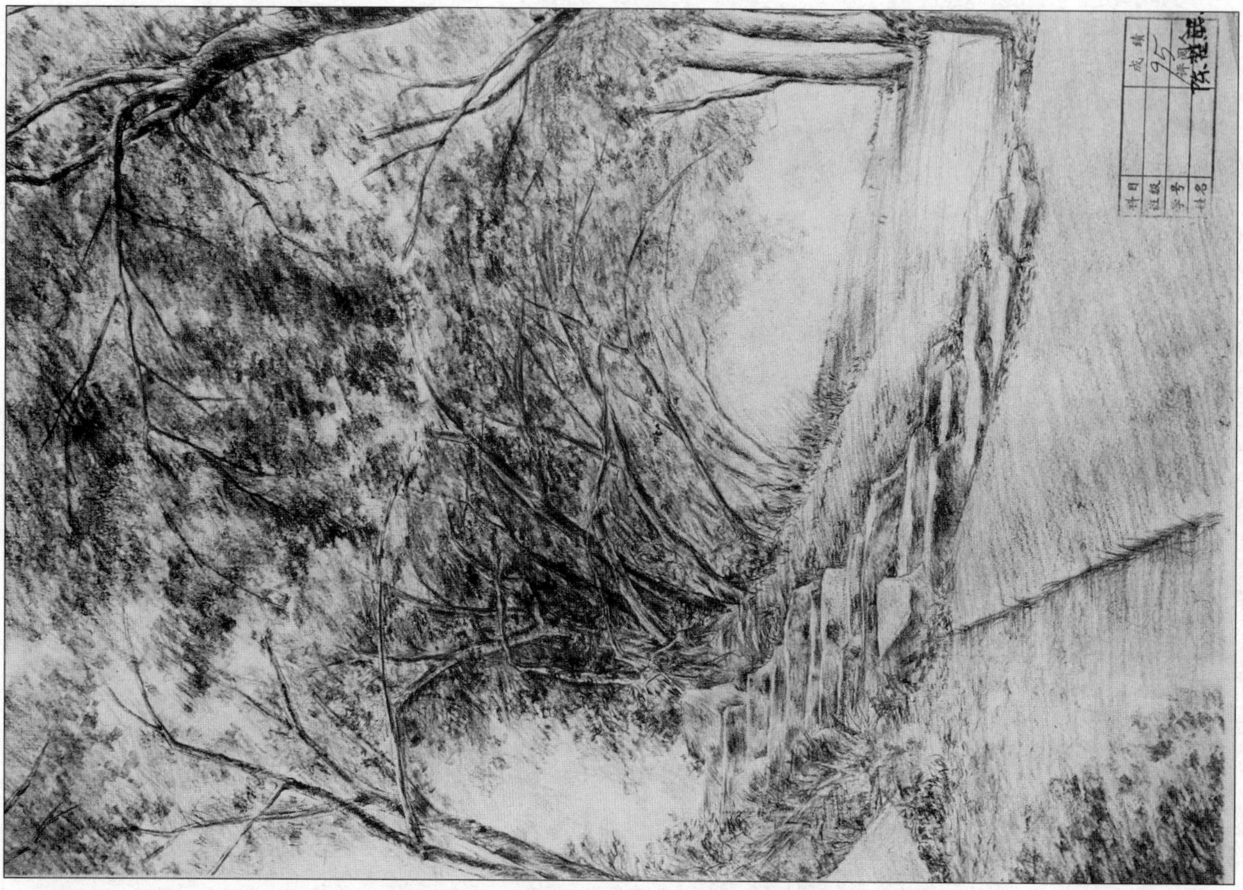

图4-58　树林　学生作业　陈楚熙

图4-59 树林 学生作业 郭书毓

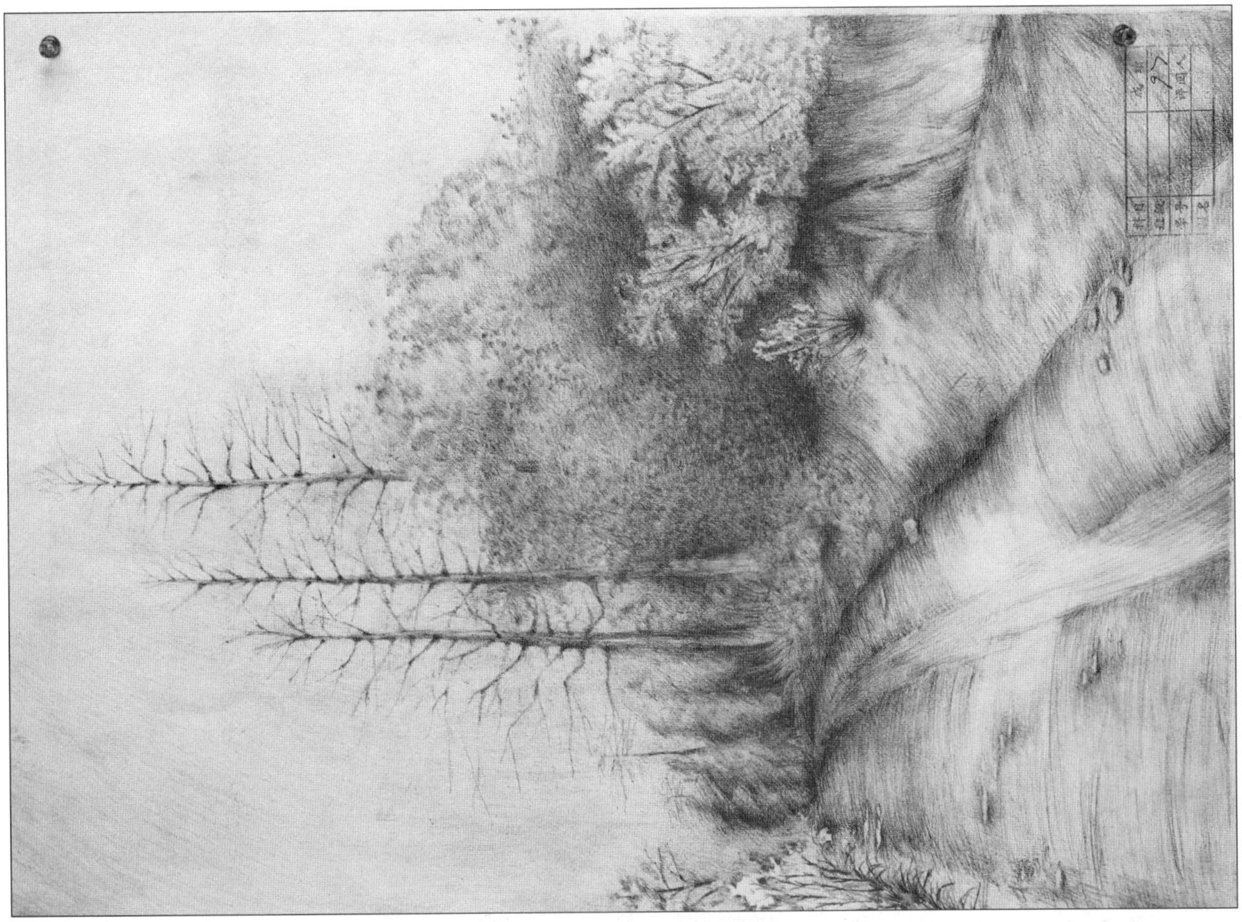

图4-60 树木 学生作业 王言

图4–61　园林中的树木配置　学生作业　蔡小陆

图4–62　园林中的植物配置　学生作业　刘羽波

图4–63　水岛植物　学生作业　郑欣

图4–64　水岸植物　学生作业　怀松垚

图4–65　林中深处　学生作业　王琦雯

图4-66　风景写生（1）　许林峰

图4-67　风景写生（2）　许林峰

图4-68　风景写生　学生作业　高郁菲

图4-69　风景写生　学生作业　孙婧玉

图4-70　风景照片素描　学生作业　王雨露

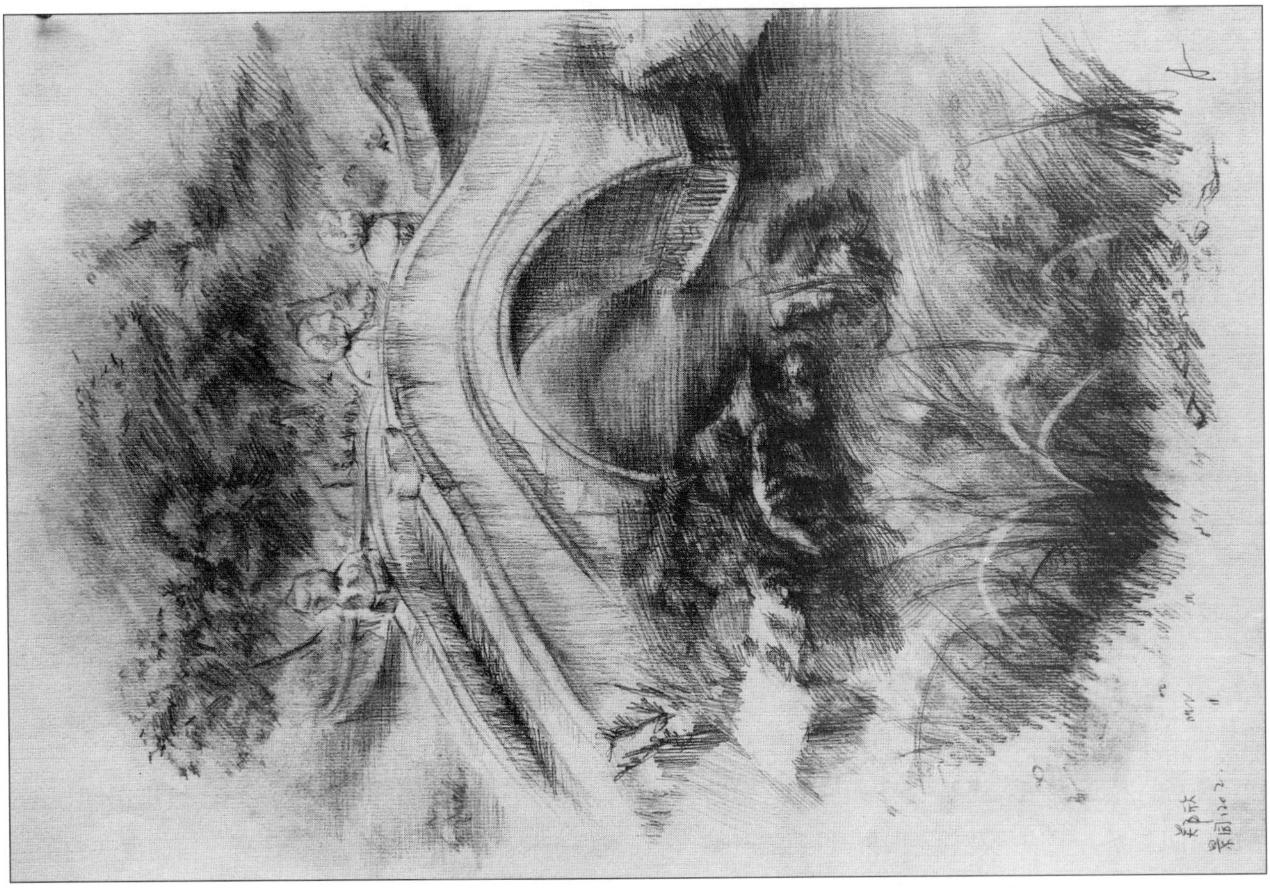

图4-71　桥与植物　学生作业　郑欣

图4-72　校园一角　学生作业　杨振强

图4-73　风景照片写生素描　学生作业　王雨露

4.2　花　卉

花卉与其他植（作）物相比，具有属、种众多，习性多样，生态多变的特点。花卉的姿态、花色、叶片等的变化丰富多姿，历来都是东西方艺术家赞美和描绘的重要对象。在园林美术教育里，针对专业的研究特点，花卉也成为素描研究的重要课题。从基础训练的要求出发，掌握一些代表性花卉的表现方法，准确与艺术地表现花卉的美感，可以起到举一反三的效果，为自由描绘花卉奠定扎实的基础。

4.2.1　花枝

花枝是花卉的主体部分，它是花与叶的载体，不同花卉的枝条变化很大，这就要求在写生的过程中，注意观察与体会，要注意花和茎叶的衔接，着重表现花瓣前后的空间关系，把握好茎的走向以及与花瓣的伸张方向的关系（图4-74至图4-76）。

古代稀花形比较薄而软，花瓣数比较少，所以勾线以后对花瓣的表现要更仔细，要注意花瓣细微的形的转折，叶子尖而碎，在表现时要注意不能繁和乱（图4-77）。

4.2.2　花束

花束可以理解为花枝的集合变化，描绘的时候注意将其理解为一个整体关系，在把握住整体的轮廓与比例关系后，协调独立的分枝变化。其中要有主次关系，要着重表现以花茎引导出的形的走向，花瓣的开张和叠压，以及茎叶的穿插和遮盖。将重要的花朵作为视觉的主体，进行适当的刻画与区别，建立并强化出画面的视觉焦点关系（图4-78、图4-79）。

（1）观赏凤梨

由于这种植物的叶子和花体都比较挺阔和硬朗，在用线勾形的时候，要注意它具有一些硬度。由于植物的空间是靠走向和叠压来传达的，故在表现时要注

图4–74　花枝（1）　孟滨

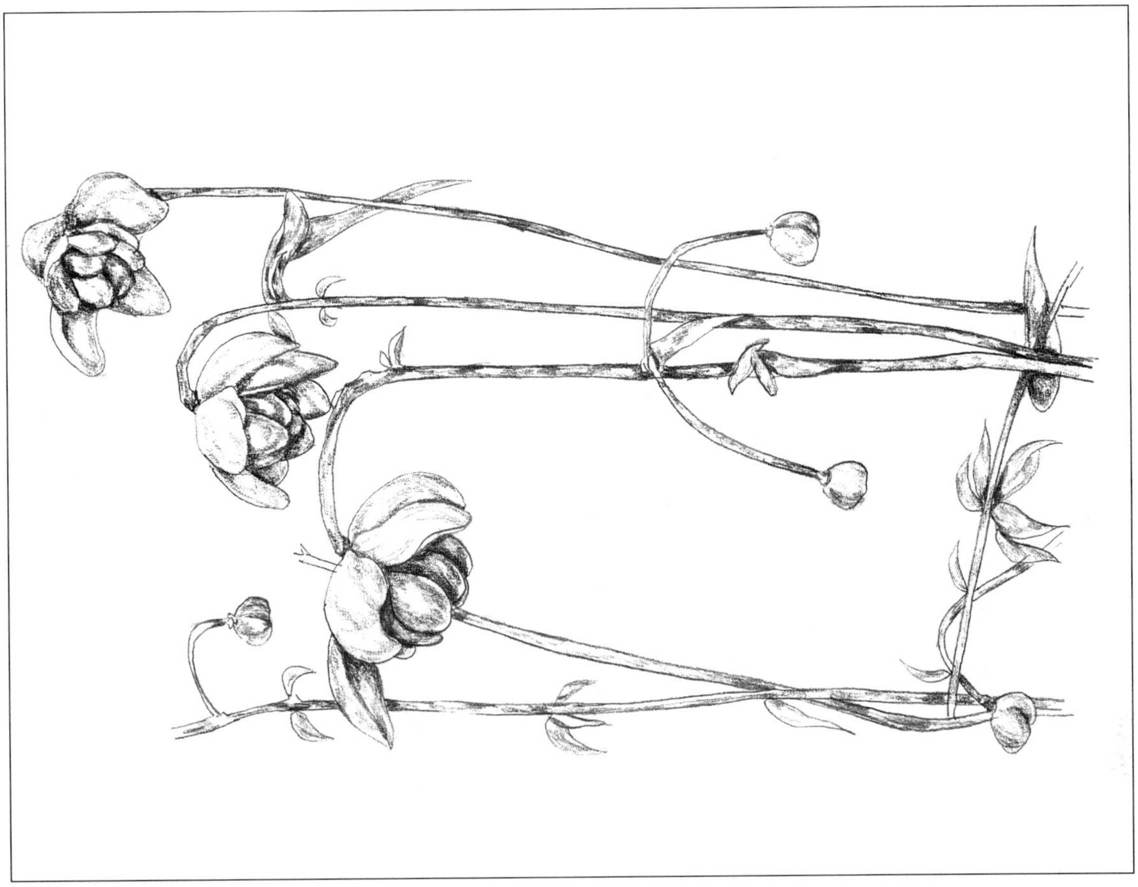

图4–75　花枝（2）　孟滨

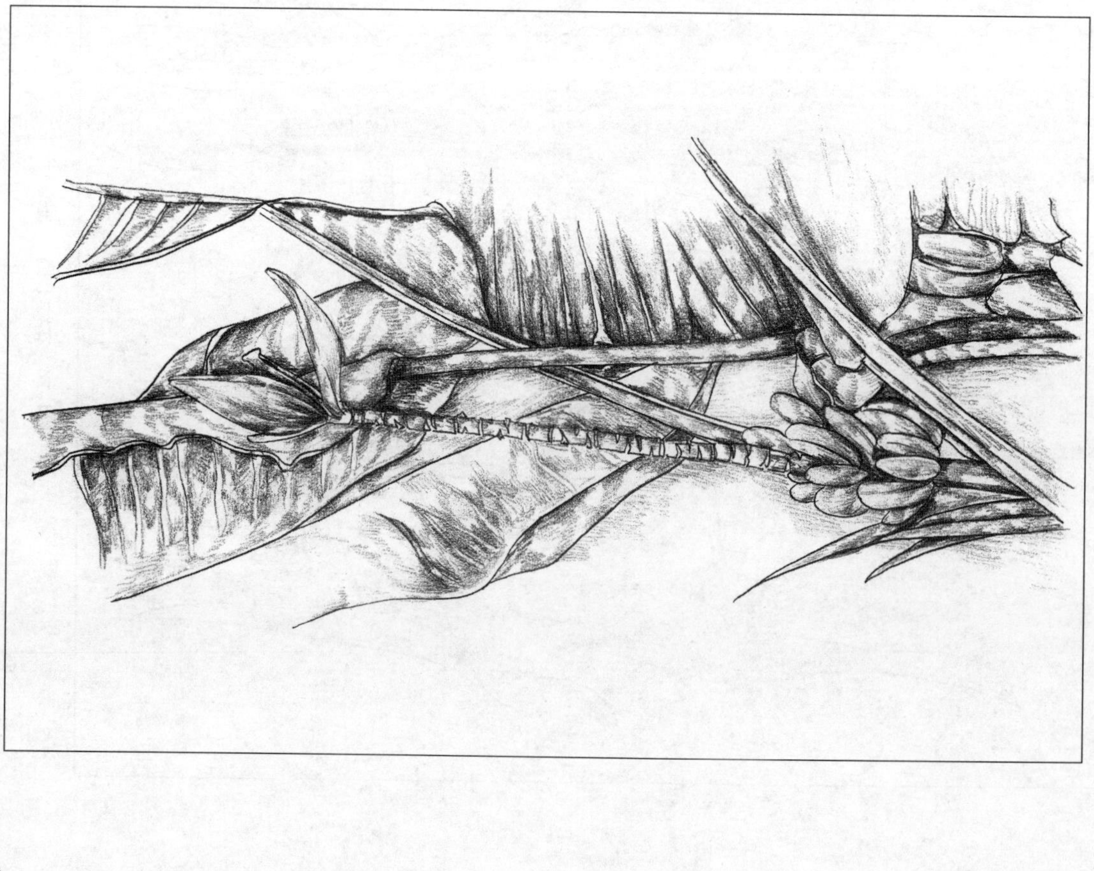

图4-76　花枝（3）　孟滨

图4-77　古代稀　孟滨

图4-78　花束（1）　孟滨

图4-79　花束（2）　孟滨

意它们在穿插时的深度，叶子的扭动代表着其不同面和方向的状态，要注意刻画转折部位（图 4-80）。

（2）百合

对其花形要注意重点表现，要注意花形的体积表达。由于它的生长状态，对花蕾的走向和茎的穿插、扭转，还有各叶片之间、前后的关系，叶子扭转的状态，要注意重点刻画（图 4-81）。

（3）美人蕉

植物叶片比较大而厚，而花形较为烂漫，花叶扭动较多，所以在表现花形时要把形态理顺，不能因为形的变化丰富而使花形的穿插不明晰。叶子的厚度，在刻画边线的时候，要注意形和线的衔接（图 4-82）。

（4）石竹

花的形状比较细密，注意花蕊和花瓣之间的关系，注意表现花蕊的扭曲感。对细密的花形，要注意形的叠压，尤其在富于变化的花瓣尖部。叶子繁而乱，要将它的疏密表现出来，还要注意花的动势（图 4-83）。

4.2.3　瓶花和花篮

将瓶花和花篮作为生活装饰品古已有之，在绘画中讲究花卉的体积感与视觉冲击力，具有一定的随意性。花与瓶的接合处，花开的走向以及茎叶反转的朝向要仔细刻画（图 4-84、图 4-85）。

花篮的质感和花卉的结合很重要，一方面是具有空间的延伸状态，如花体本身；另一方面是对延伸的界定，如不同形态的花篮。要注意这种表现中的张弛（图 4-86、图 4-87）。

4.2.4　插花

在东方，瓶花和花篮是一门插花的艺术，花与花器的关系至关重要，所以在写生时，应当兼顾到这种艺术上的视觉与心理取向。插花艺术中，尤其是整体和具有各种形态的变化和相互的补足，更富有变化和形态的交集，要注意不同花形的特点和表现的手法选择（图 4-88、图 4-89）。

图4-80 观赏凤梨 孟滨

图4-81 百合 孟滨

图4-82 美人蕉 孟滨

图4-83 石竹 孟滨

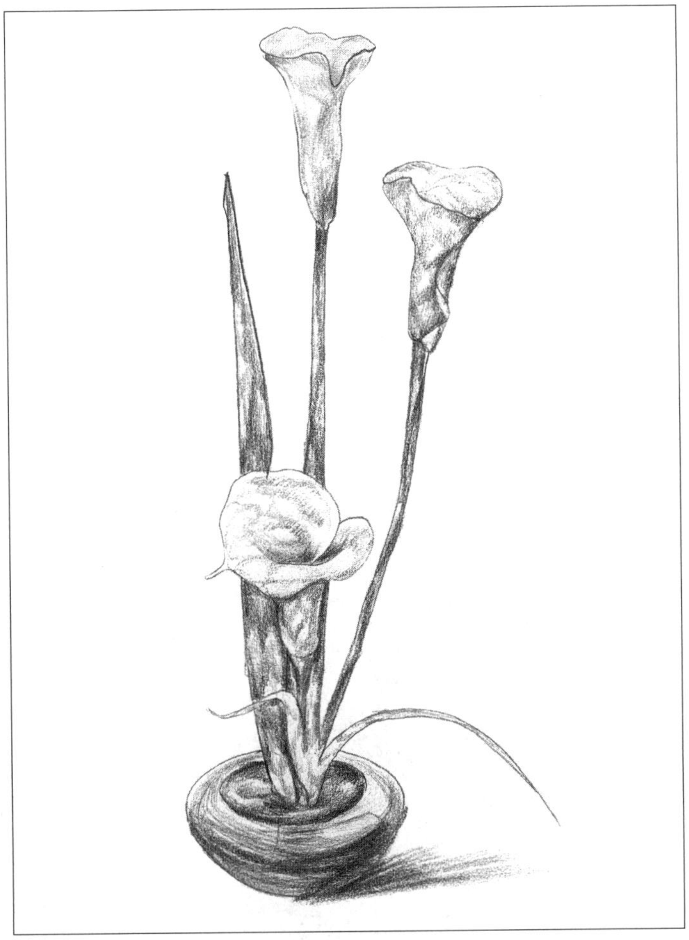

图4-84　瓶花（1）　孟滨

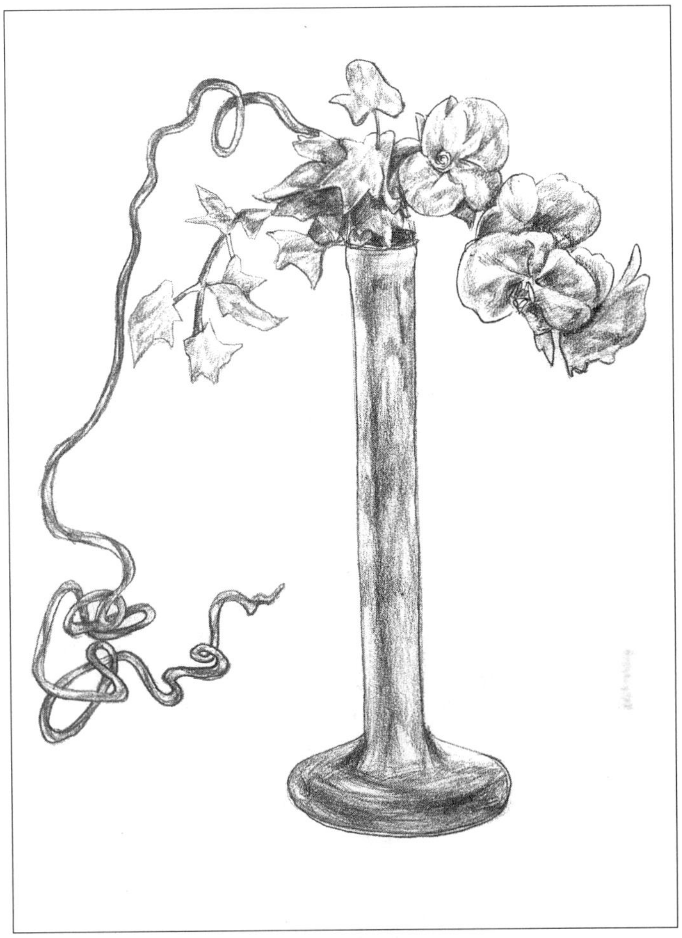

图4-85　瓶花（2）　孟滨

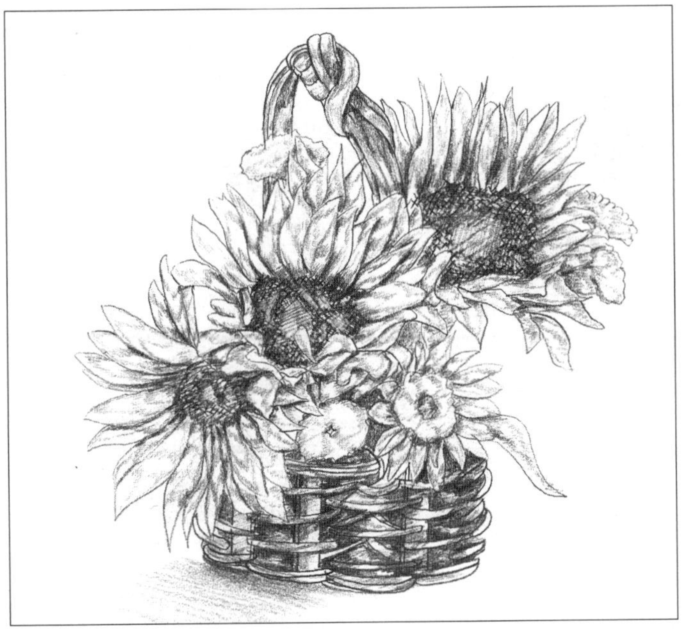

图4-86　花篮（1）　孟滨

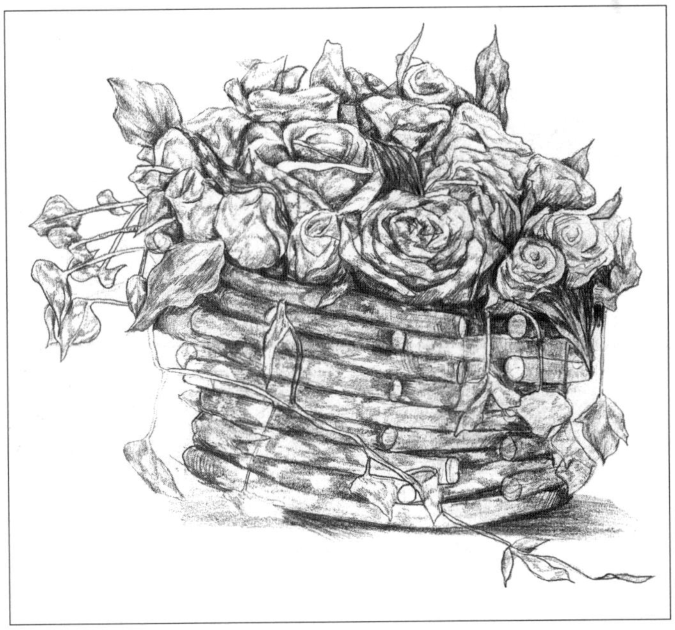

图4-87　花篮（2）　孟滨

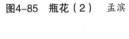

4.2.5 盆花

盆花是生活中常见的物品，也是写生绘画重要的描绘题材。独立盆花的素描表现，重点在于处理好花与花钵的关系，合理的构图与视觉角度都会帮助写生绘画取得一个比较好的画面。花卉变化多，花器亦有变化，合理的比例与视觉平衡是对花卉的生动姿态最好的表达（图 4-90 至图 4-92）。

4.2.6 花池、花坛、花架

花池、花坛、花架是园林中常见的构筑小品，也是素描写生绘画重要的描绘题材，独立的造型具有独

图4-88 插花（1） 孟滨

图4-89 插花（2） 孟滨

图4-90 盆花（1） 孟滨

图4-91 盆花（2） 孟滨

图4-92 盆花（3） 孟滨

特的美感。素描写生表现，重点在于处理好植物与小品的依附关系，合理地组织透视关系是局部小品写生的核心内容，花池、花坛、花架的造型在写生中应当作为主体严谨刻画，植物的关系相对于构筑物体适当虚化处理，加强材质的对比，取得和谐的画面关系（图 4-93 至图 4-96）。

图4-93　花架（1）　左红

图4-94　花架（2）　左红

图4–95　花架（3）　左红

图4–96　花架（4）　左红

第5章 石品、假山、水体的基本形象特点与画法

石品、假山与水体是风景园林和现代景观写生的重要对象，在园林景观设计中，这三者的结合与配置又是一个较重要的课题。石品、假山与水体的造型能力的强弱，在景观绘画与设计中都具有重要作用。

下文将对这三者主要的形象特点和素描表现的基本技法，做一个简要讲解。

5.1 石 品

中国文人对石头情有独钟，无论是文学著作还是绘画名作，多有以石头为魂者。这与在中国传统文化中，人与自然和谐相处的传统精神密切相关。当然，这也是中国传统文化深深根植于千年农业个体经济沃土之上的原因。

在中国传统园林中，设置了相当可观的山石组合，这主要源自于中国文人对园林景观创作上“诗情画意”的境界追求，以及对自然崇敬的世界观，体现其文学性与绘画艺术性的高雅格调，以及文人墨客清静、淡泊、中庸的哲学思想和情趣。

如图 5-1 所示，南方园林中，常有这样的情景：

图5-1 网师园石韵 学生作业 徐筱婷

高高的白粉墙下，三簇青竹，陪伴着一组太湖石，组成了一幅活生生的竹石图。这自然使人联想到郑板桥所擅长的竹石绘画，进而使人产生某种品石与爱竹的感情格调。

如图5-2所示，郑板桥画墨竹有一套理论和思想体系。他在刻画竹的表面形态时，追求表现竹的清高脱俗的性情，抒发自己的感情，主张“师其意不在迹象间”。

如图5-3所示，吴昌硕画竹，常与石相配。他画的石头体态清秀，竹枝挺拔，竹叶劲而有力，并且往往将竹叶集中于一处，使画面简明而意象鲜活。

如图5-4所示，在中国传统文化中，菊花为敬老之物。观赏这幅画，令人精神振作。画中菊花、石头均挺拔向上，生机勃发。

如图5-5所示，梅兰松竹“四友”相聚，气味相投，顽石相伴于侧，不亦乐乎？吴昌硕一生广交同道之友而获益匪浅，在中国文人的品性中，视气味相投为修养之重也。

另外，太湖石骨头坚硬却通透，多穴而生气；修竹体态柔弱却挺拔，有节而心虚，这是借景。石有骨而实在，质硬却能通；竹有节而不通，体娇却又不示弱，表达了文人所崇尚的某种“傲骨气节”“充实虚心”以及“可通”与“不可通”的为人原则与思想情操，这便是抒情了。

再如，琴室花窗外，颗颗怪石，或藏或露；片片芭蕉，或隐或现，风动则摇曳变幻，无风则玉立明窗。晴天又看粉墙花影，雨天再听珠落盘声。使人在视觉、听觉直至感觉上享受到绘画与音乐中某种“雨打芭蕉”或“听雨”的艺术审美，这便是“意境”。

从室外的鉴石赏竹，到室内的抚琴听雨，景观在

图5-2　墨竹图（清）　郑燮

图5-3　修竹立石图（近代）　吴昌硕

图5-4　黄花立石图（近代）吴昌硕

图5-5　四友图（近代）　吴昌硕

图5-6　粉墙蕉影　宫晓滨

变，行为在变，心情也在变。松紧搭配，品位高雅，自然而和谐。在这种环境与心境中，再画一张园林风景画，自然会画得疏朗而轻松自然。

因此，赏石、品石、画石头，一是要能触景生情；二是要与植物搭配（图5-6）。

石头种类千千万万，不胜枚举，本教材仅就园林景观绘画常见者四种，即太湖石、青石—黄石、石笋与自然山石一一介绍。

5.1.1　太湖石

众所周知，太湖石有“瘦、漏、透、皱”和“清、丑、顽、拙”之说，前者说的是湖石的生理特征，后者说的是湖石的心理特质。可谓概括了湖石造型美学的精神和艺术表现手法，更是用素描刻画湖石时所应遵循的基本宗旨。

较成功的石品素描画，前四字应为“写形”，画好了不是很难，如将后四字也能画出，则为“出神”。形神兼备的画，自然是上品，尤其是那个“丑”字，如能将“丑”的东西以美的形式画出来，其作品则应是上上品。另外，何为丑，何为美，以及美与丑的相对关系，又是一个很大的话题，这有待于读者在美学造诣与绘画技法中去逐步悟道。

太湖石由水而生，因此轮廓线条以圆润的弧线为主，形体扭曲，孔穴贯通，虽怪异却有一定象形性，如“狮子林”等。其组织结构以及明暗关系也虚实相间，变化多端。用炭、铅笔以素描形式刻画时，可充分利用碳、铅笔的笔触特点来表达。

炭、铅笔的笔触根据用力大小与运笔角度的变化，可画出明暗深浅与粗细都不同的线条，在用线条组织调子和表达形体块面时，其手法与效果也是这样。因此，炭、铅笔笔触变化的范围很宽，这对刻画湖石有诸多方便之处。

太湖石结构虽变化多端，但万变不离其宗，刻画时只要抓住其基本形象特点，同时去粗取精，舍细碎而抓整体，舍小而画大，将湖石基本形象刻画出来还是不难的。

外轮廓用虚实和轻重不同的线条勾勒，再分割其内部主要层次，暗、灰部位与孔洞在线条轮廓的基础上以黑灰不同的调子充实，最亮处留白即可。

应处理好主景湖石与背景在物种形象与调子轻重上的对比关系，湖石受光部位的背景一般处理成暗灰调子；湖石背光部位的背景通常处理成灰调子和亮调子，这样做的目的都是较好地衬托主体。当然，这只是一般的手法，重要的还是要看写生对象的具体受光情况而定。绘画艺术本无一定成法，世上事物万千变化，“无法”则为“法”。

图5–7 太湖石形态（狮子林） 宫晓滨

另外，刻画好湖石脚下、背景、周边的不同植物也可起到烘托主角和使画面生动活泼的作用。如图5–7至图5–9所示。

5.1.2 青石、黄石

青石、黄石虽色彩不同，但在形态相貌上却很相

图5–8 湖石 学生作业 孙帅

图5–9 湖石洞门 学生作业 顾荻

似，与湖石相比较则有很大的形象差异。由于青石、黄石在形态上较为单纯与完整，因而比湖石较易刻画。

人们常说的“石画三面”，用在青、黄石的刻画技法上是较为适当的，但这三个面又不同于规则物体，如正方形与矩形的三大面。可以按“三面”来观察和组织概括，但同时这三个“面”又不是规则的而是变化中的、不规则的、自然形态的，这一点在刻画此类石时首先要认识清楚。

用炭、铅笔刻画青石、黄石这三个面时，调子的使用可起到很好的作用，只要运用受光面、背光面、投影、反光这些基本调子规律，便可较充分地表达青、黄石的体面关系。另外，石头表面相对粗糙，高光不很明显，因而可与受光部位一样，做留白处理。

抓住明暗交界线也是刻画青、黄石结构与表现体积感的主要手法，这三组面面相接的边线既是体面转折的结构线，又是背光面、侧光面、亮面的明暗交界线。因而只要用黑、白、灰等明暗不同的线条与调子进行较充分的刻画，此类石头的立体感还是较易表达的。

与湖石相比，青石、黄石轮廓线条与结构层次线条多为短直线，这是此类石形象的基本特点。在使用线条与调子结合的手法时，同样要注意素描笔触的轻重缓急与虚实变化，这样，青石、黄石才能将调子画得透气，形象生动（图5-10、图5-11）。

5.1.3 石笋

在中国传统园林中，常用石笋配以植物来组合成很别致的景观画境，尤其是在墙下和角隅，显现出很浓郁的中国文化和民族的艺术气息。因此，石笋画面同样是素描绘画表现的主要对象之一。

石笋的特点是亭亭玉立，体态修长而体质坚实；线条简洁，形象朴直而形态单纯。由于石笋体态修长，外形简朴，用素描画轮廓时相对容易。值得注意的是，画石笋一般取竖构图为宜，同时可适度夸张其长度，在画面上形成高低不等的竖线条，加强石笋在画面构图上的竖向稳定性与美观性。

图5-10 青石形态——石阶（颐和园） 宫晓滨

石笋的素描处理方法近似于高大树干的画法，其石质纹理可在明暗交界线上下工夫，并分别向背光面与亮面过渡，再用素描调子充实。注意在暗面中的反光处适度减弱调子深度，受光部位和最亮部位适度留白即可。

石笋一般与体态同样修长的植物相配，以求产生对比与和谐的最佳效果（如竹）。当然也有其他植物，但石笋如与体态“短矮粗胖”的植物相配，则会产生一种滑稽与高反差的漫画效果。如画得好会有另类的近似于喜剧的效果，这一般很难掌握。

石笋在取景构图中，不宜过多，两三块即可，分别以高、中、低和距离不等的方式组合成自然的形式，这一点在画素描写生的构图步骤中首先应注意到。

画石笋的背景时，与画其他物象一样，一定要处

图5-11 谐趣园“云窦”（湖石组景） 学生作业 李艺琳

理好与主景的互相衬托的关系。一是用轻重缓急各不相同的线条来分割层次；二是用黑白灰调子的对比来表现体面关系并要求画出前、中、后的空间关系（图5-12至图5-14）。

5.1.4 自然山石

上述三类园林用石，都是自然生成再由人工采集并经人工组合的园林石，自然山石是指纯大自然中的山石。

就素描绘画而论，对称的与规则的物体相对好画，越是不对称且越不规则的物体越难画。换句话讲，越是自然形态的物体，不论其本身形状还是其组合，就越难画。但越是自然的越是美的。

真正好作品是在人工园子里画不出来的。当然，在园子里可以找到自然山石的缩影，但是与真正大自然相比，往往显得渺小无力、贫弱苍白。

要画好自然山石，最好的途径是进山去体验、去写生，这是自然山石画法的第一要诀。自然山石在形状、形态、性格以及组合形式上千变万化，不胜枚举，因而在画法与构图形式上又是我们取之不尽的源泉。

图5-12 竹石图（石笋与竹） 宫晓滨

图5–13　青枫绿屿（青石与粉墙组合造景）　学生作业　李艺琳

图5–14　皱云峰（湖石石品）　学生作业　李艺琳

自然山石无论是在山顶上、山坡中、山脚下，或在山涧里、山溪旁，还是在山崖边，虽变幻万千，但总是依其生成的自然规律展现在人们面前。它们一是没有完全相同与规则对称的自然山石，各不相同并在不规则中形成不对称的呼应与和谐；二是其组合关系忠实地依据自然的因势利导和疏密聚散的法则进行。这便是画自然山石的第二要诀。

自然山石的具体素描画法，与上文所示的湖石、青石—黄石和石笋基本一致。这里所要强调的是，画自然山石又不能纯以自然，照抄照搬，一定要抓住此山此石的具体形象特点，既要具体又要概括，并一定要抓整体大的关系。在抓大关系的基础上，还要适度刻画画面主体与中心物象的细节，这样的素描作品才会有紧有松，深入细致和优美耐看。

如图 5-15 所示。

图5-15 桓木逝水 学生作业 周芷滢

5.2 假 山

园林假山，大体上分石山与土山两大类。凡人工建成的山，其创作构思基本上来源于两个方面，即因袭绘画和模仿自然。尤其是中国传统园林，更是这样。当然，中国绘画中的山水既源于自然，又高于自然。因此，在画假山素描时，应首先具备一点对自然山体写生的基本艺术经验。

本节仅就园林中常见的石山与土山，在素描画法上进行一些基础理论与画法的讲解。

5.2.1 石山

中国园林中的石山大体分为两类，一是太湖石假山；二是青石与黄石假山。在青黄石假山中，北方园林多用青石，南方园林多用黄石。

石山在整体外形上各不相同，多有变化，但从总的趋势来看，都不出一个“山”字。这三笔竖即是大、中、小，高、中、低，胖、瘦，以及距离各不相同的3个山头，底下那一横是地平线。另外，一两组山头的组合，最好以三、五为数，即所谓三山五岳。有人将假山画得如同双驼峰，甚至如同土堆，使人产生“纵有千年铁门槛，终需一个土馒头”的联想，都甚为不雅。

在写生之前，先围着假山走一走、看一看，就会发现无论从哪个角度看，山体坡度都会有缓陡的变化，山体也有聚有散、有缩有伸的动势变化。这都是我们在勾画山体外形大轮廓时的基本观察依据，切不可毫无章法地画成前后左右都对称的呆傻状。刻画假山的主要技术要点如下：

一是抓整体大形，不要一开始就陷入到某个局部。要抓住山体大形走向及整体外轮廓大的变化，然后以分组的形式分割其中的各个部分，同时还要返回来整理假山的整体关系。

二是在分割与刻画组成假山整体的局部时，一定要将它们分为几组，通常分为大中小三组即可。在分割时要注意石组与石组之间的主次关系、相互呼应关系及动势韵律感的表达。

三是总体效果要完整，局部内容也不能太空，要丰富，这两者关系要处理好。大的原则是：主角和画面中心部位要画得细致些，配角和画面边缘部位最好要放松些，并渐渐虚化处理。

太湖石假山与青石—黄石假山在石块形象上的差别前文已叙，用素描线条和调子表现体积感与刻画形象轮廓时，同样要表现出不同石块的质感，以及前后层次的过渡与虚实变化。

石假山中有穴，有石门石阶，有山涧，有沟壑，更有模仿自然的悬崖峭壁等丰富多彩的山体变化。这些都要通过仔细的观察与概括总结，并运用线条调子的素描手段，画形象，画其特点与结构，画光影，使生动的物象跃然纸上。

另外，假山上定有植物，山沟与脚下也多有溪水瀑布。山有水则灵，有水则润泽，则活，山水之间不离不弃，山则显得仁爱宽厚，水则显得智慧灵秀。因而，画山时一定要画树画水，这样的山才是生动的、活生生的山，少画一些世界末日般的“枯山”与“死水”。

如图5-16、图5-17所示。

5.2.2 土假山

土假山在外形上也离不开“山”字，轮廓的形象规律与石假山基本相同。但土与石相比，由于质地松软，堆积起来的土假山外形轮廓线条要柔和顺畅得多，并常常显得简洁明快，因而土山要比石山好画。

画土山最容易画成“土馒头”，因而在画土山时尤其要注意强调山坡陡与缓的交替变化，也要注意强调山脊曲线的不对称走向，以及高低大小不同的山头之

图5-16 殊像寺假山——承德 宫晓滨

图5-17　石林神韵——自然石山　学生作业　王冠

间的对比变化与呼应。这样勾勒基本轮廓，就会使画自然生动。

土假山由于土层厚实，山上植物茂密，树种繁多，层次丰富，低矮灌木与高大乔木参差交替，山坡上花草繁盛，色彩绚丽明亮。这些都很适合素描调子在写生时的施展与发挥，很容易上画，颇具素描画意。

土假山的山麓河溪缓缓，水草丰美，更是上画的好景象，在写生时更要注意对此类美景的捕捉与刻画。

如图 5-18 至图 5-20 所示。

5.3　水　体

在园林和自然风景中，水体占有非常重要的地位，在素描风景绘画中如果没有出色的水体刻画，将是难以想象的。

所谓水体在风景写生中指河流、湖泊、溪水、瀑布等具体水景事物。这些水景表现在素描绘画造型上的不同原因：一是在于其外轮廓的不同；二是水的表面纹理调子及线条手法不同，素描画水应从这两个基本方面入手。

水体的外轮廓就是岸，有草地的岸，有土地的岸，有植物茂密的岸，有山崖陡峭的岸，有平缓的坡岸，有自然石岸，也有人工驳岸等。解决了岸，水体的外轮廓也即画出。

如图 5-21、图 5-22 所示。

水面纹理调子的绘画技法，也是从两个基本方面入手，一是静水；二是“动”水。

5.3.1　静水

在园林景观和自然景观以及民居景观中，无风情况下的池塘以及湖泊中的水即谓静水。

表现静水水面质感最重要的手法之一便是画水中

图5-18 丘陵民居 学生作业 齐岱蔚

图5-19 石阶 学生作业 王言

图5-20 石阶 学生作业 房伯南

图5-21　湖石假山与驳岸　学生作业　顾荻

图5-22　青石、黄石小品驳岸　学生作业　周振兴

倒影，越是平静的水面，水中倒影越清楚，倒影的外轮廓线也就越清晰，水平如镜即该现象。岸边倒影反映岸和岸上的事物，水中倒影反映水中植物，如荷花、睡莲以及芦苇等与天空白云。

画水中倒影时应注意以下三点。

第一，无论湖、海，还是池塘水面，也无论水岸怎样曲弯，水面总是平的。因此，画水中倒影时，无论是用线条还是用调子，其笔触方向应当基本是水平的或是垂直的。

在水面完全平静且倒影很清晰的情况下，画调子时可多用一些垂直线条；当水面泛起轻轻涟漪时，可结合使用垂线与平线，同时可画些水纹线条。画水纹线条时，一是要求画下弧线，不要画上弧线，如果画成上弧线，则不是水而是土地了；二是这些下弧的水纹线条，在总体上应画成水平的感觉，无论水岸如何弯曲变化，画水纹线条时，不要跟着水岸画成有角度的斜线，那样，水面就倾斜了。

另外，无论是画倒影的色块调子，还是画水纹线条，都要有意识地将其分为几组，一般三五组均可。要有组织地安排其在画面上的位置，不要平铺直叙、平均对待（图 5-23）。

第二，画倒影时，无论是植物还是建筑，在上下位置上以及形体和结构上一定要与岸上的实物相对应，不要错位。

岸上实物要实画，要求形体清楚，黑白灰对比分明、过渡自然。而岸上物体在水中的倒影要虚画，要求物实影虚。倒影的虚画有两个基本手法：

一是不要画清晰明确的轮廓线，无论是树木、植物，还是建筑都如此。水中倒影的边线，应由调子的自然边缘组成，而不能画僵死的轮廓线条。

二是倒影也有调子上的黑白灰对比，但与岸上实物相比，要把黑白对比处理得弱一些，稍灰一些。黑白灰对比的强度，不可与岸上实物相同，此点要切记（图 5-24）。

第三，相对静止的但又缓缓流动的水，也会有倒影，但倒影的清晰度会大大减弱，倒影随水流速度的加快会越来越模糊，直至消失。

画这类水中倒影时，更要根据水的流动来画。运用调子和线条时，表现流动水纹的线条，要在基本水平的前提下，带出活泼生动而放松的弯曲线条，以表现水流的质感（图 5-25）。

另外，写生者距离水面越近，倒影越具体；离水

图5-23　影韵　学生作业　卞婷

图5–24　曲桥贴碧水　学生作业　叶雪

图5–25　石矶与微动的水面　学生作业　李轶群

面越远，倒影越模糊，即所谓近实而远虚。在很远处观察较大面积的水面，倒影就变得模糊，即所谓水天一色。在这种情况下，水面的处理便可较大面积地留白（图 5-26）。

5.3.2 动水

一切流动的水即所谓动水，其包括的范围很广，如水渠、瀑布、叠水、溪流、喷泉以及奔腾的江河等。

越是流动的水，倒影越不清楚；流动湍急的水，倒影即消失，代之的是白色水花与流水波纹。用素描刻画缓缓流动的水时，可适当采用平行间断又时断时续的灰调子与线条。先用灰调子画出时隐时现的淡淡倒影，然后在其他地方有主有次地接以相同手法的线条，水的流动及水面质感即画出。

应注意两点：一是调子和线条的主次与疏密，重调子、灰调子和留白的比例与安排也要有主次和疏密之分；二是注意用线方向要基本一致，以表现水向同一个方向流动的特点，更要注意用线手法应一致，以表现水体质感的同一性。

（1）瀑布

在园林景观设计和绘画中，瀑布是重要角色之一。瀑布的边线多是直立的岩石，而且水体也基本直立，水流湍急，不可能有岸上物象的水中倒影，相对较好画。

先将瀑布两边与中间穿插的岩石画出，并处理成暗或重相间的调子，瀑布本身大部分留白，用直而快的线条将水流边缘与溅落的部位稍加描绘即可。一定要留神瀑布本身线条和调子切不可过多，一定要留白。个别画者在瀑布上画许多竖线条，结果不像白色瀑布，反而像一头乱发（图 5-27）。

溅起的水珠与水雾也不可多画，越画越黑，一定要充分留白。水雾用很淡的调子，周围用暗、重调子将水雾衬出为妙。同时，水雾的边线一定要虚，切不可有很实、很重、很死的边线。

（2）叠水

在画自然式的叠落溪流时，要注意水流方向上的安排，上下两层或上中下三层的水流，在方向上要有角度的变化，叠落溪流才会画得自然生动。如画三层

图5-26 青石驳岸与微动的水面 学生作业 李轶群

图5-27　瀑布　徐桂香

时，一般安排成“之”字形变化。

在现代景观中，常有规则的水渠式的叠落溪流，有的层次很多，但大多呈一个角度的阶梯式样，给人一种直率的单纯感。几何形体的现代感很强，并和自然式溪流形成较强烈的反差对比。画这样的规则式水渠溪流时，最主要的是将透视画准确。不论是取平行透视还是成角透视，都要在首先确定视平线的基础上，尽量将水渠在视平线以上部位与在视平线以下部位的透视关系画准确（图 5-28 至图 5-32）。

图5-28　清溪　徐桂香

图5-29　盼墨掸岩泉　卞婷

图5-30　溪如万籁吟　学生作业　董荔冰

图5-31　山溪　学生作业　杨兰

图5-32 山中溪流 学生作业 杨兰

（3）喷泉

喷泉的式样繁多，不管其外形如何变化，它总是流动着的水体，基本原则仍是以留白为主。喷泉由于造型上的特殊性，有两点在描绘时应予以注意。

一是人们常说水往低处流，而喷泉是人工喷射出去的水流，往往先向上而后向下。因而，喷泉射流的背景往往是深重色调的树丛或草地以及建筑，将喷泉的白色水流衬托得非常明亮耀眼。在勾画好喷泉外形的基础上，用素描调子画背景，喷泉射流基本留白，其形象与质感也就画出。

二是喷泉溅落在水面的部位，也是白花花翻动着的水，也要基本留白。切不可把水珠等画得过黑，也不要画上暗调子，这样一不小心就画成黑水。溅落部位一定要留白，只在周围适当画些水纹即可。

总之，水体的运动形式非常丰富，它有着自身的运动规律，也反映着周围的事物。水画好了会使风景画面产生灵气，尤其是要画那些清亮纯净的活水，避免画成黑水、污水与死水。

如图 5-33 至图 5-36 所示。

图5–33　现代喷泉　学生作业　顾荻

图5–34　龙喷泉　学生作业　卢姗姗

图5-35　鲸鱼喷泉　学生作业　顾荻

图5-36　喷泉叠水　学生作业　周建猷

第6章 风景园林与现代景观的素描风景创作

所谓创作，在此书主要是指风景园林与现代景观设计的表现绘画。根据园林、风景园林的专业要求，培养学生逐步具备一定的设计表现绘画能力，是我们进行园林美术教学的主要目的之一。因此，与设计相结合的素描风景绘画创作，是本教材的重要环节。

素描风景创作在技术上的含义，是指根据平面图、立面图和剖面图，画出立体真实感较强的效果图。这种效果图既是设计的一部分，又是一种具有相对独立性的观赏意义的绘画作品，是介于纯艺术绘画和设计图纸之间的一种特殊的绘画。所以，设计效果表现绘画，既是图又是画。

效果图有两个基本的技术要求：一是要基本依据设计平面、立面的各项技术要求进行，不能搞抽象主义绘画，要遵循写实主义的基本规范和设计的各项要求进行；二是在此基础上，表现绘画又可以运用艺术创作手法，使画面尽可能达到最佳视觉效果，从而更好更美地表现设计意图与烘托创作主题。

由于效果图是根据透视规律画成，因而又称为透视图。它有以下两种形式：

一是透视效果图，是指观察事物最常用的生活视角，即一个整体设计中各个局部景观的最终视觉效果。此图在视觉角度上仰视、平视、俯视兼有，而以仰视、平视为主要视角。常用焦点透视中的一点透视（平行透视）或二点透视（成角透视）。

二是鸟瞰效果图，此图当然也是根据透视规律画成，所以也是透视图。但它所取得视角为俯视，是从空中往下看的园子的整体效果，所绘物象均在视平线以下，因而又称俯视图。鸟瞰图也常用焦点透视中的成角透视。

效果图所能描绘的内容很丰富，世间诸多场景均可用此法表现。同时，绘制效果图的艺术手法和技巧又多种多样，各领风骚。根据园林、风景园林专业特点和教学大纲要求，本教材仅就中国传统园林与现代景观设计这两个大的单元，在素描基本技法上做简要讲授。

6.1 中国传统园林的素描创作

中国传统园林历史悠久，文化底蕴深厚，艺术水平高超，博大精深，且种类和形式繁多，令人向往并敬仰。本教材仅从北方皇家园林和南方私家园林中选五例来进行一般的素描画法分析。

无论是南方园林还是北方园林，均以自然式园林为主。这一方面表明中国人自古就有崇尚自然并与自然和谐相处的善良意愿和优秀传统；另一方面，在艺术创作和表现方法上，也力图使园林创作达到艺术上尽善尽美的最高境界。因此，中国南北方自然式的传统园林绘画性很强，非常上画。

中国自然式的传统园林素描风景创作，既要求学生具备基本的园林风景写生的经验积累，又要求有相当的园林设计与表现的经验积累，这两者都很重要，缺一不可。

6.1.1 北方皇家园林素描创作

本教材以颐和园中的“看云起时”、圆明园中的“碧桐书屋”和承德避暑山庄中的“玉岑精舍”为例说明。这三处均已被外国入侵者烧毁，只剩有部分残缺不全的地基遗址。因此，将其原貌用素描画出，属创作范畴。

6.1.1.1 “看云起时”（已毁，北京颐和园）

此处建筑不多，但很精致。同时，青石假山层次丰富，深幽有趣，高低错落，变化多端，很有画意。“看云起时”在万寿山后湖北岸，面向对岸的“绮望轩”（已毁，现无存），北背山，南贴水，树木繁盛，环境怡人。可画一张鸟瞰效果图和若干透视效果图来表现。

（1）鸟瞰效果图

步骤一：在画之前，最好到该处实地观察领略一番。看看周围地形、水体，以及植物状况，更要注意观察建筑遗址和山石整体与局部的形态。要先在心中有个感性的认识，再与平面图和立面图相比较并进行认真的核对和分析。

在感性与理性结合的基础上，勾画创作小草图。小草图是绘画艺术构思的基本展现，非常重要。小草图要大体上解决视觉角度、透视关系、构图、比例、空间尺度、建筑与植物山石的位置及其相互衬托的关系，建筑形式和植物种类，以及画面素描上的艺术手法等基本问题。待这些问题基本有数，再上正稿，一定要避免在正稿上将这些基本问题心中无数而改来改去地画。

图6-1 “看云起时”鸟瞰素描步骤一 宫晓滨

上正稿时笔触要轻一些，将全图要表现的所有物象的轮廓画出，注意鸟瞰俯视视角下的两点透视，一定要基本画对。在画的过程中，要时时与小草图和平、立面图进行核对，尽量减少错误和反复涂擦修改。在这一步骤中，切忌急急忙忙地陷入到某一局部的深入刻画。此步骤的中心任务，就是解决全画面上所有物象具有全局性的大关系。在整体大关系和画面全局上的安排还没确定之前，不要画局部（图6-1）。

步骤二：在步骤一的基础上，也就是在无全局性大问题修改的基础上，进一步充实画面内容。在这一步骤中，可以首先从主建筑入手，将建筑的基本形式，如歇山的主殿，两个四角攒尖的亭，以及连接亭子与主殿的廊子，都要画对。在画廊子时，注意此景中的廊子微有爬山廊形式的向上倾斜的角度变化，其是通透的，廊子的左右两边都能观景。另外，在绘制建筑时，应先从建筑基础部位开始，再在基础上立起建筑。这样，便于表现建筑所处地形的变化。

将建筑外形上的基本结构画好后，可适当考虑明、暗的关系、投影以及一部分细部的刻画。

进一步刻画山石层次与建筑周边环境物象，如山坡地形、树木和草地。画山石时，注意石阶的时隐时现，石阶小路与建筑相通的关系也要画合理。画树木时，要用素描调子的明、暗技法来表现其与主角建筑的背景作用与互相衬托的关系。

步骤三：这是表现画面最后效果的阶段，马虎不得。有两个问题要注意：

一是要深入地进行细部刻画，尤其是在主角建筑和主角植物山石部分，只要时间允许，能深入刻画到何等程度，就尽量画到何等程度。当然，也不必细致到连瓦当上的雕刻以及彩绘都画得清清楚楚，这样从整体上看就乱了，一定要时时考虑到整体大关系。同时，在整个画面的中心部位，也就是赏画者的视线最容易集中的部位要画得较为细致精彩，画面边缘部位以及四个边角地区则可画得放松一些。这样，画面从整体上就会显得主题突出，且松紧有度，很耐看，也较好看。

二是在细部刻画到一定程度时，一定要回过头来收拾整体上以及全局上的大的关系。例如，大关系应是前景明亮而背景暗、重，但如果把前景应该亮的部位画得过细或平均对待，就会使在整体对比上应该亮的部位变成灰暗色调而破坏了全局上的整体关系。这样，整个画面在大局上陷入“乱套”，该作品的艺术水平自然下降。因此，一定要深入细致地刻画，以表现质感、空间，同时又一定要照顾到全局和整体。最后，再与平面图、立面图核对一次。如图 6-2、图 6-3 所示。

（2）透视效果图

步骤一：这是一个平视效果绘画，采用成角透视，画中物象在视平线以上和在视平线以下都有。因此，如上文所示，在小草图上首先要确定视平线。视平线的确定，要根据画者取景角度的高、低来决定，并直接关系到这幅画的基本透视关系与基本构图。

小草图确定后，上正稿时可以用尺与徒手结合，也可以完全徒手。此图是建筑用尺，而山、植物、水体徒手。生活视点也就是平视透视与鸟瞰透视比，显得相对复杂一些，同为两个灭点的成角透视，平视要比俯视多找一组透视线。尤其是在刻画建筑时，这一点显得更为突出。

鸟瞰俯视的建筑均在视平线以下，平视的建筑，其底部处在视平线以下，而顶部却在视平线以上。要把一个或一组建筑在视平线上、下两大部分的透视关系都画准确，并且灭点要一致，这就增加了一定的难度。因此，在这一步骤中，首先要把基本透视关系画准确，这是最重要的一点，其他要求同鸟瞰步骤一。

步骤二：进一步深入刻画。亭子是这幅图的画面

图6-2　“看云起时”局部放大图　宫晓滨

图6–3 “看云起时”（颐和园）鸟瞰成图 宫晓滨

主体，因此要多用一些工夫。因为是近景，所以，亭子在外观上的基本结构要以线条与素描调子相结合的手法表达清楚，最基本的结构要清晰。如顶、脊、瓦、瓦当、滴水、椽子、檐下的檩子、檩檐板、枋子、榫头、柱子、楣子挂落、雀替、坐凳栏杆、台明底座。这些在外观上能看见的基本构件，起码要把外轮廓和体积感表达清楚，在此基础上可适当表现“明”与“暗”以及光影效果。

另外，只有抓住结构，亭子在画面效果上才会自然产生横线与竖线的对比，线条调子疏与密的对比，以及黑白灰的调子对比。因此，只要抓住结构，既可以充分而科学地表现主题，又使画面艺术技法性强且美观。

亭子檐下部分是整体中最暗的部位，可画重调子以衬托探出亭檐，以及与檐下物体之间的前后进深度和空间感。

主角亭子周围和前后的树木植物以及山石，既要刻画得相对细致以表现环境的优美，又要起到恰如其分地衬托亭子的作用。不要不分主次地处处细画，否则，既喧宾夺主又使画面杂乱无章。

水面基本用竖向调子完成，以表现场面的宁静。同时，还要表现出水体向远处延伸并消失于树丛中的气氛。还要注意运用近景实画，远景虚画的对比手法，来表现整体场面的空间感。

最后是收拾全局，并与平、立面图核对一次。如图 6-4 至图 6-6 所示。

6.1.1.2 “碧桐书院”（已毁，北京圆明园）

关于圆明园的绘画作品很多，复原鸟瞰图资

料也较为丰富。大家在画之前，一是要用较多时间去实地考察；二是可以多收集些资料，以利于绘画创作。

“碧桐书院”也是一组靠山临水的园林建筑，环境淡雅宁静，园子的自然韵调很浓郁。建筑布局线条多变而顺畅，建筑树木浓密与疏朗交替，山体轮廓柔和舒缓，湖面与瀑布溪流有动有静。在整体上韵律感很强，画意盎然。

（1）鸟瞰效果图

步骤一：此景与“看云起时”相比，建筑较多，看似较为复杂，但要把全园建筑尽收画中，每一幢建筑的画面尺度就必须相应缩小。这样，便可以省去烦琐细部而只刻画大的关系，画起来较为容易。

同时，虽然物象可以缩小并相对简化，但比例上一定要正确。包括建筑、地形、山体以及植物山石等，画面上的所有物象，都要如此，不能画成“小人国”。

图6-4 “看云起时”透视效果步骤一 宫晓滨

图6-5 “看云起时”透视效果局部放大图 宫晓滨

图6-6　“看云起时”（颐和园）透视效果成图　宫晓滨

“碧桐书院”建筑群所处地形在大面积上较为平整，没有很明显的高低变化。而且即使是地形上高差很大的建筑，在鸟瞰俯视的情况下，其高差变化，在视觉上也会相对减弱。因而，较为平整地形上的建筑，可不必过多考虑其高差，画起来在透视上相对容易找到。

在找建筑群的两点透视关系时，一定要注意离我们越近的建筑，其透视角度越大，透视感觉越强；反之，离我们越远的建筑，其透视角度越小，透视感觉越弱。与最远处的视平线很近的建筑，就基本没有透视感而近似于“立面”。

画鸟瞰俯视的建筑，屋顶占有较大的比重，正脸墙面与山墙的比重相对减小。墙面的垂直高度要相对地减少些，基本遵循顶大墙小的原则。但墙面又不能低矮得过头，一定要符合与屋顶的比例。

刻画建筑群时，单个建筑之间的距离与空间尺度，既要符合平、立面图的尺度要求，又要符合透视上近大远小的视觉规律。这些透视、形体与物象的画面安排等工作，都要在此步骤中做好。

步骤二：仍是进一步完整而具体地刻画建筑群，刻画这些建筑时，可只画表面上看得到的基本结构，画屋顶要同时画脊。此景中的建筑以卷棚和悬山为主，屋顶的这些建筑形式一定要画对。在山墙上起码要把“博风”轻轻画上，屋檐、瓦当、滴水只用双线概括勾画即可，但决不能只用一根单线简单表示，这样，屋顶的厚度就不正确。由于是俯视，因而屋檐底下的结构，一部分被遮住而看不见，因此只画枋子和柱子即可。

另外，挂落和雀替也要画，但只画外轮廓，细部可不画。坐凳栏杆、丹墀底座，以及山墙厚度也一定要画出来。

有的建筑是前、后出廊的，而且与围廊相接，在俯视角度下，这一形象特点很突出。这一大的结构更要画出来，同时要注意前柱与后柱在透视上的对应关系以及中间开门和槛墙的透视位置。山墙上与围廊相接的部位一定要开门，否则就莫名其妙了。

此景中的廊子基本上是平廊，爬山廊不多。但有两种形式：一种是左右两边都透，都能直接观景；另一种是一边透，一边封住又开窗的。这些建筑形式上的变化，也要有较充分的表达。

步骤三：由于是全园鸟瞰，场面较大，因此，植物群落在整体上要一团团、一片片地画。在画面上重要处及局部上可以有选择地画几棵重点树木，但不要全都一棵棵地刻画，否则会显得杂乱，也无章法，费力不讨好。

刻画成群成片的植物，在绘画技法上有两个主要目的：一是要画出树木的高大繁盛，表现年代的久远；二是要对建筑群起到穿插、分割与衬托的作用，使建筑群坐落在绿树群中，并时隐时现为妙。画树群时用素描调子大片解决，只在主景与重要处把树丛画得细致些。

水面、瀑布的刻画，在这一步骤上也应基本到位。注意瀑布的留白与水的动势的刻画，尽量表现出瀑布与湖面动与静的质感区别。

设计鸟瞰的表现绘画在近实远虚的处理上，不完全同于一般的风景摄影和绘画。一方面要基本遵循这一原则；另一方面又不能完全这样做。只要是设计内容中的主要景点，不论其前后空间多大，距离多远，都要表达清楚才行，这是设计说明性的需要。

设计鸟瞰表现绘画，要求远处景点要相对清楚，但其清晰度又不可超过近景，这也是此类绘画艺术表现性上的需要。因此，运用近实远虚规律时，一定要符合这两方面的要求，一定要相对地处理，这同时又是一个难点。

如图 6-7 所示。

（2）透视效果图

步骤一："碧桐书院"场景较大，可以画出很多张透视效果图，由于篇幅有限，在此只举一例。这是一个两点透视的生活视角效果表现素描，画面以建筑为主，一个卷棚形式的建筑，取近于 3/4 面的绘画角度。视平线较低，该建筑在视平线以下的部位透视角度较小，在视平线以上的部位透视角度逐渐变大，这一透视的变化过程要认识清楚。

廊子与主体建筑相接的位置一定要画正确，它是接在建筑山墙并靠近建筑的前脸；要与前廊相通，不要接在山墙中间。廊子有个直角转折，这个转角的透视感也要基本正确。

高大树木作为建筑的背景出现，先用虚线条粗略勾画出轮廓，再用一部分调子略略画出与建筑的衬托关系。山石与水面在构图上也要把位置安排好，并要基本确定黑白灰对比的调子关系。山石不可能如同规则物体那样用透视法表达前后空间，因此，山石的整体外轮廓既要有高低错落的变化，同时又要抓好前、中、后的层次对比，以表达空间感。

步骤二：此图与"看云起时"的透视效果一样，建筑是画面主体。"看云起时"是四角攒尖形式的亭子，而这个建筑是卷棚形式的房子。由于也是近景，因而建筑外观上的主要构件都要画，前脸部分刻画上文已述，在此图上，应注意观察山墙上的物件。

山墙顶部有脊，在脊的前端要把盘头适当交代一下，山墙厚度以及靠近屋檐的墀头都要概括地画出来。山墙上搏风与屋脊之间有一组瓦当滴水，并与前檐的瓦当滴水相接，也要画对。另外，挑檐石和山墙底部的墙围子也要轻轻画出。这样，山墙上的基本物件就刻画完全，在形象上也就完整美观。

处于背景的高大树木在画面上的作用至关重要，同时也处于近景，因此要适当仔细地刻画，不要轻浮带过。注意区分树木的种类，在用调子时应变换手法，以表现不同树种在外观形象上的区别。廊子远处的景物可根据建筑的需要，以明亮与暗、重复交替的方式处理，使远景既因建筑投影而暗，又因阳光照射而明亮。这样，远景虽然相对简化，却显得空间通透而物

图6-7 “碧桐书院”（圆明园）鸟瞰图画法 宫晓滨

（1）步骤一 （2）步骤二 （3）成图

种丰富。同时，也要整体地处理好爬山虎及一些低矮植物。

这一组山石虽然在最前面，但其细致刻画程度不要影响主体建筑。既要适当刻画石纹，来表现石头质感，又不能过于细碎而影响画面主角。

水面可以用尺画，也可以徒手。此画中的水较为安静，因而用尺来画线条和调子，使水面的用尺与建筑的用尺相呼应。线条有水平与垂直两种，交替与穿插并举。另外，倒影中的明暗关系应与岸上物象对应。

如图 6-8 所示。

6.1.1.3　“玉岑精舍”（已毁，承德避暑山庄）

“玉岑精舍”处于山区深处，地形变化大且较为险峻。建筑不多，但非常精致，随地形起伏错落，布局巧妙。两条山水在园中形成瀑布和溪流，并与建筑交融在一起，使人有很强的亲水与清凉的感受。

此处不但建筑精，山、水也很精致可爱，园外是雄伟的大山，园中却是精秀的小山。而且，人工雕琢的痕迹很少，均为真山真水，占尽了地利。

园外山树茂盛浓郁，园内植物布局又疏朗而轻松，光影摇曳，使整个园景忽明忽暗，阴阳交错，神秘有趣。又有高处瀑声阵阵，低处溪流潺潺，动、静等观，引人入胜。因此，此处不论从哪个角度取景，都极易上画，可谓步移景异。

（1）鸟瞰效果图

步骤一：与“看云起时”和“碧桐书院”相比，

（1）

（2）

图6-8　“碧桐书院”（圆明园）透视效果图

（1）步骤一　（2）成图

此园的地形变化较大，虽然物象不多，但有一定难度。在较有绘画经验并技法较为娴熟的情况下，可直接根据平、立面图绘制各种立体效果图。

另外，也可先在平面图上作经纬线网格，其密度的大小可根据经验或鸟瞰图的精细程度自定。同时，应注意每一格中经纬线的长度要一致，是正方形格。如图 6-9 所示。

这种正投影的经纬网格画好后，要根据取景角度，取两点透视，将它变成视觉上的透视网格。在鸟瞰俯视的情况下，这一透视网格的最远处要离视平线很近，两个灭点很可能均在画外，每一格的尺度，要根据近大远小的空间透视规律，逐步按比例缩小。另外，俯视视点也就是说视平线不要定得过高，适中为好。

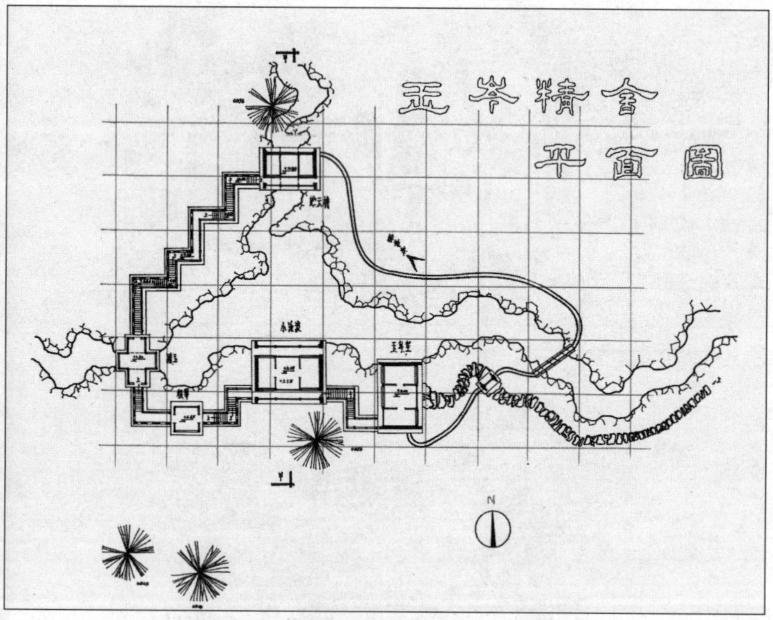

图6-9　“玉岑精舍”平面网格　宫晓滨　（此图摘自孟兆祯的《避暑山庄理法赞》）

画好透视网格后，即会发现网格中离画者越近的部位，透视角度就越大；越远的部位，透视角度就越小；距离视平线最近的地方，其透视感就很弱而接近立面了。这个透视网格，就是画好鸟瞰效果图的基础。

接下来，要把正投影的经纬网格中所有物象外轮廓移写到透视网格中，如道路、水体轮廓、山体的主要等高线、建筑底盘轮廓，以及主要树木种植点等。这样，正投影的平面图就变成透视效果的平面图而显现出近大远小的空间深度。

透视效果的平面图在正稿上轻轻画好后，首先要根据地形的高差变化，将建筑所处的高低不同的实际位置确定。这时，就要同时参照平面图和立面图以及剖面图。建筑之间在平面上的空间距离及比例尺度要参照正投影平面图，建筑的立面高差比例要参照立面图和剖面图。这三图要同时对比。

这些空间、距离与高差在画面上的找法，可基本根据处于画面上最低处的建筑，或是最近处建筑的大小与高矮，并按同等比例来确定，将应在高处的建筑底面，在透视平面图上原地垂直抬高到相应的位置即可。

如图 6-10 所示。

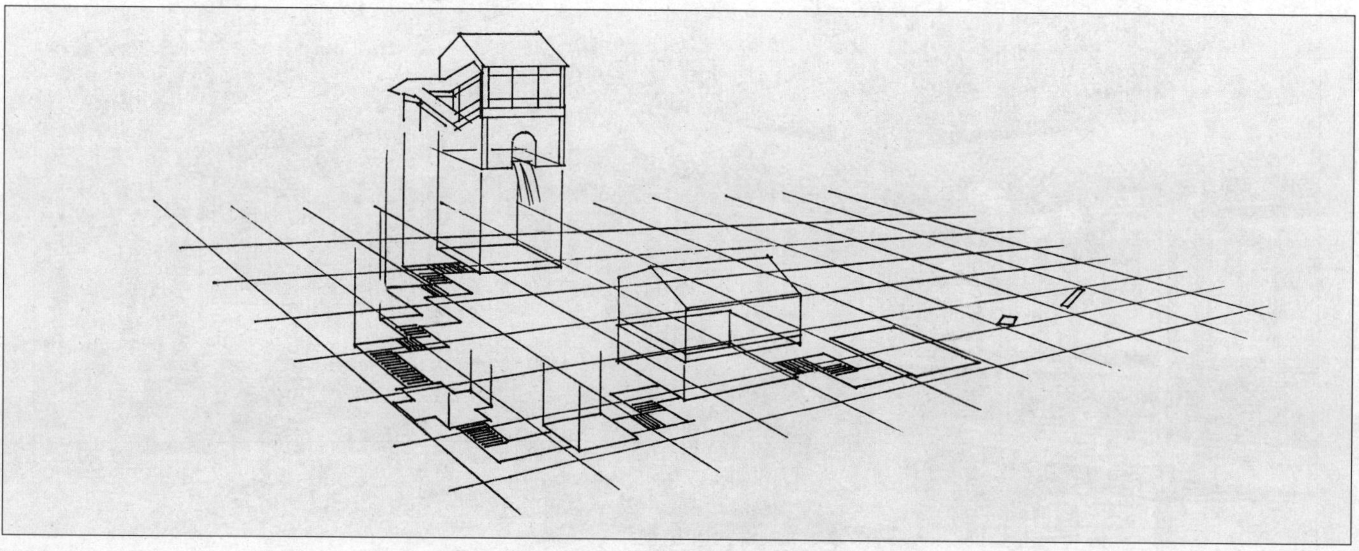

图6-10　“玉岑精舍”鸟瞰透视网格及建筑抬高　宫晓滨

当所有建筑的水平底面画好后，便可将建筑“立”起来。将所有建筑外轮廓画好后，再先画山体地形与水体轮廓，后画植物的轮廓。

山体地形与水体的外轮廓要参照平面图上山体等高线与水体边线，以及剖面图山体断面的高低形式与变化。同时，有两点应予以注意：一是可有适度夸张，以突出土山或石山的形象区别；二是用大小及坡度不同的山脊线条来分割与刻画整个山体前、中、后的层次，同时更要注意山体地形与建筑的关系和相接的合理性。

山水地形轮廓完成后，再画植物。平面图中标好的重点古树名木，画鸟瞰效果时应基本照搬无误。其他的树群及灌木，应根据设计经验与绘画构图上的需要，可以进行较自由轻松的安排。这要求在尊重科学的基础上尽量发挥艺术创作功能，使鸟瞰效果表现作品，画得既准又美。

步骤二：“看云起时”和“碧桐书院”属于调子素描，而这张“玉岑精舍”以结构素描来完成。

所谓结构素描，在这张画中有两个含义：一是所有建筑的刻画，均不用明、暗调子，只用线条来绘制；二是建筑外观形体上和部分内部大的结构要求表达清楚。

因为是建筑群的整体绘画，不是单个建筑的个体绘画，所以，这里所指的结构仍是主要的大结构，细部结构不画。

刻画建筑形体结构的线条时，所有在通常能看见的外形线条，应刻画得相对清楚明确，而其内部或通常看不到的内形线条，应刻画得相对虚一些。这就是素描的好处，可充分利用素描笔触在色度上的深浅技法来表现物体内外的虚实关系。

“玉岑精舍”的爬山廊，是一组很典型的自由式爬山廊。与叠落式爬山廊有所不同，它是顺着山势自然向上延伸，转弯处的角度也随行就势而不固定，所以画起来稍有难度。但只要在透视平面上基本画对，将它按不同高度逐步提升并连接起来，还是可以表现其曲折向上的形体。

注意：在“自由式”爬山廊的每一转角处都要有一小段“水平”的部位。这一特点在廊子基座和廊子顶部这两处表现突出，要适当表现出来才对，不能一个劲地向上爬而无歇脚之处。

另外，这组廊子的外沿是用墙封住又开观景花窗的，所以廊子外侧景物可以免去刻画，只画墙体的阴影部分即可。当然，从廊顶上看过去，后边的景物还需要画。

步骤三：山体和水岸也基本上用线条表示，可水面留白，也可在水流湍急处轻轻画些水纹。园中植物和周围树木用调子表示比较合适，可以大面积解决。同时又与建筑线条形成对比，使画面上既有绘图形式的线条，又有绘画形式的调子，从而产生一种洁净和对比的美感。

围着园子的山路，在此步骤中也要画出来，尤其是最近处。同时，园子内与外的呼应关系也要注意，不能只画园子内而不画园子外，园子从内向外的延伸过渡也要有适当刻画。这样，才能在一定程度上将园子所处的自然环境表现出来。

最后，仍要在深入细致地刻画主体的基础上，收拾整理好大的关系。

如图 6-11、图 6-12 所示。

（2）透视效果图

步骤一：这又是一张调子素描，取景为“玉岑精舍”中的最高处建筑“贮云檐”。

此景位于全园最高处，与最低处的建筑有近 20m 的落差。又在基座上开洞，将园外山水巧妙地引入园内，并形成瀑布景观，非常壮观。

“贮云檐”的取景可远可近。此图是近距取景，呈现出较大的仰视角度，以突出建筑所处地势的险峻和瀑布的动势。

仰视效果较为强烈的建筑，视平线一般很低。这张画的视平线在建筑以下，整个建筑均在视平线以上，这一点要看清楚。

根据平、立面图，将廊向上倾斜的角度画得大一些，允许稍有夸张，以表现山地建筑的特

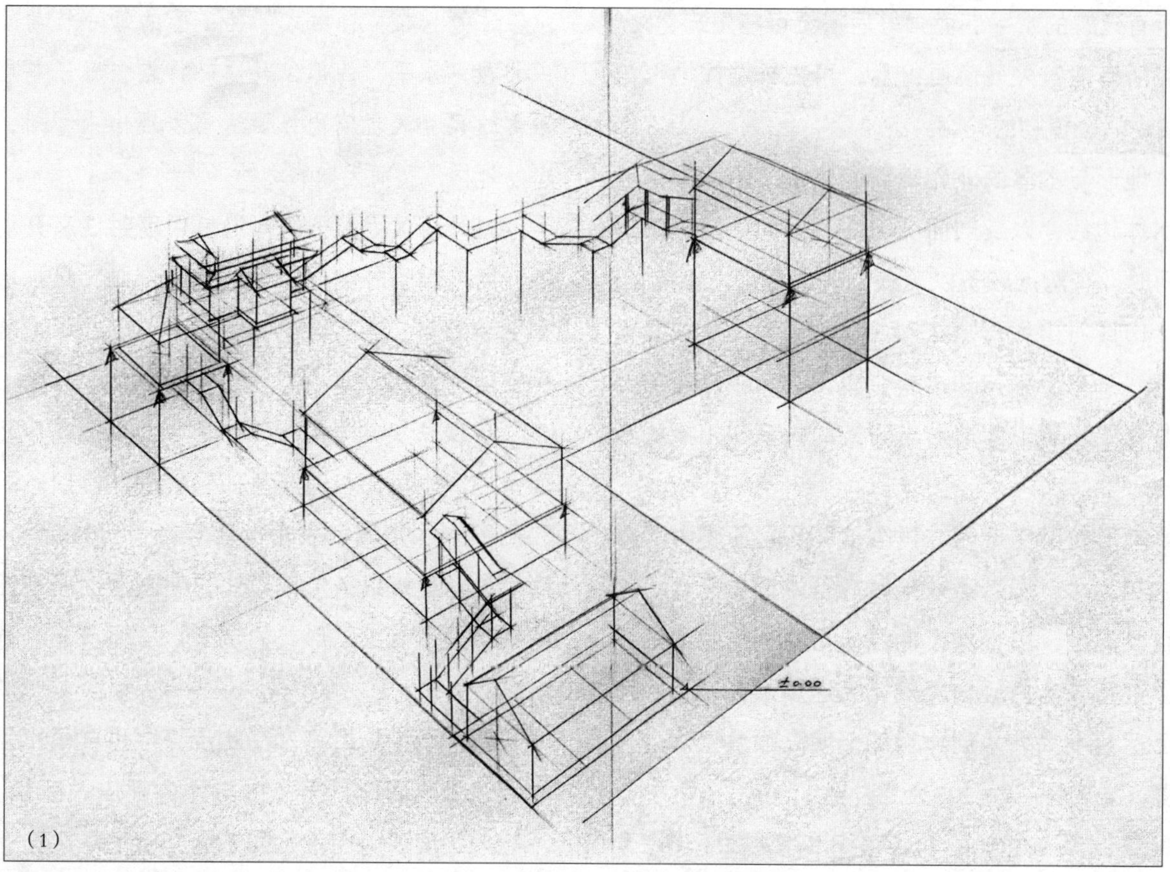

（1）

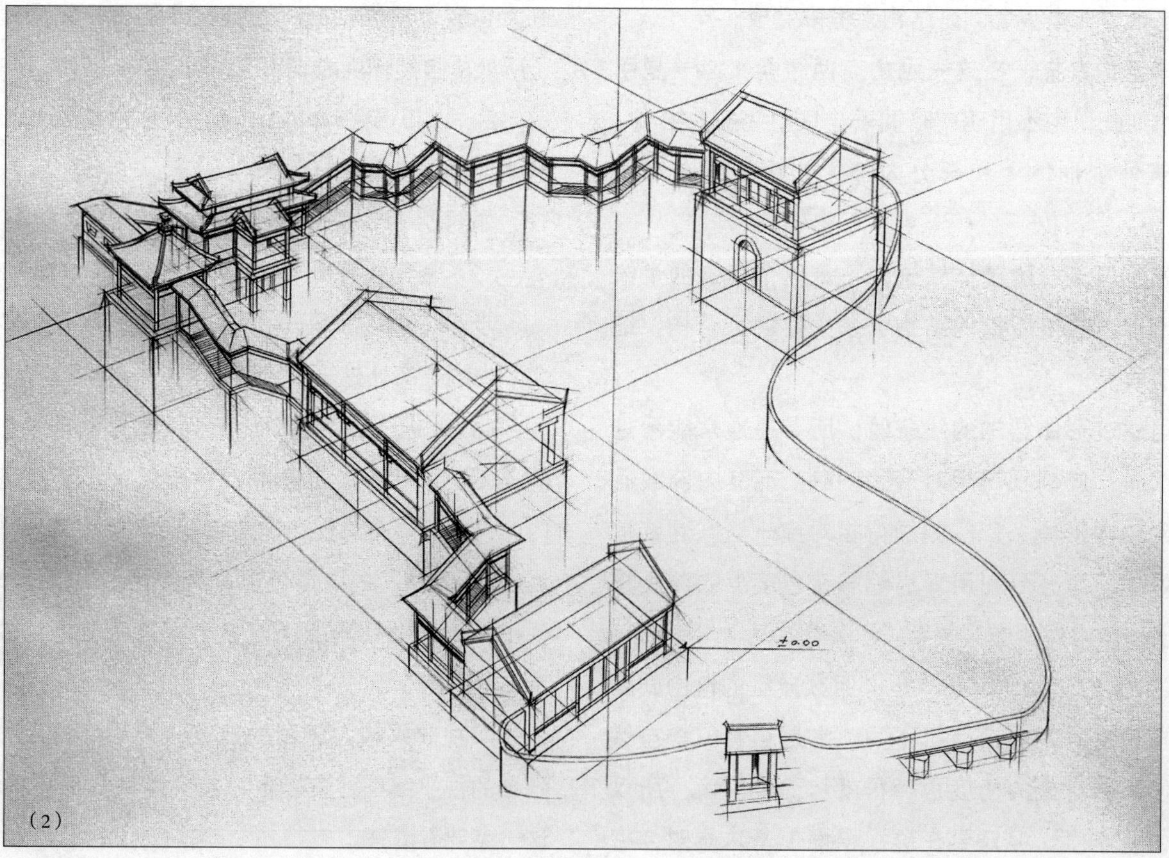

（2）

（3）

图6-11　“玉岑精舍”（避暑山庄）鸟瞰图画法　宫晓滨

（1）步骤一　（2）步骤二　（3）成图

图6-12　“玉岑精舍”鸟瞰局部放大图　宫晓滨

点。廊与“贮云檐”的相接关系要画好，尽量避免较明显的错误。

画面左右两边处于前景的树木，在构图上的作用很重要。树干的竖向线条，在整个构图中起着支撑和画面左右均衡的作用。背景树木不可画得过多和过于高大，在近景仰视情况下，背景树木相对退远并显得较矮，从屋脊上望过去，背景树木露不出多少。而天空在画面上所占比重是较大的，这一点在此步骤中也要处理合理。

瀑布前的山体局部，如按实际

情况画，在这样仰视的视角下，会把瀑布遮挡住。因而在构思构图时，可以有意识地将山体向下压一压，使瀑布多显露一些。这样，既突出了身为画面主题的瀑布，又表现了设计中所应有的山体；既尊重了设计的科学性，又发挥了艺术的表现力，两不耽误。这就是科学性与艺术性的结合。

步骤二：这是近景，建筑应刻画得较仔细深入。花岗岩基座与虎皮石基座的质感区别应明确无误地表达清楚，但又不能调子过重。用线要轻快简洁，留白要多一些，将基座明亮的效果充分体现出来。出水涵洞的基本结构要有交代，其进深度要利用透视法来表示。

建筑正面主要结构要刻画清楚，但门窗部分只画窗、门框，窗格可不画。这样，既可以表现建筑的陈旧与文物感，又易于安排黑白灰调子，从而使画面显现较强的绘画性。

建筑底下的山石要有整有碎，要有整体布局上的安排，既不可过于细碎零乱，又不能过于空洞无物。在山石中间的层次过渡部位要安排些灌木丛，并以分组的形式穿插，要使灌木植物与山石很自然融洽地结合在一起。

瀑布以留白为主，是整个画面所有物象中最明亮的，同时又是画面主角。因而要将瀑布两边的岩石及暗部用调子画得深重一些，以突出亮白的瀑布本身。

最后仍要收拾整理全局，使画面既有对比，又有和谐统一，如图 6-13 所示。

6.1.2 南方私家园林素描创作

在南方私家园林的经典作品中，本教材仅选取两例，即苏州的拙政园和网师园讲述素描创作。

在步骤画法上与北方皇家园林的分析描述基本相同，因此这一部分中不过多重复。但南方私家园林又有其自身特点，在风情韵味等诸方面与北方多有不同。因而在拙政园和网师园的画法分析中，在这方面可有较多的偏重。

6.1.2.1 拙政园（苏州）

拙政园是江南私家园林的经典之作，与中国传统文学和绘画艺术均有着密切联系。该园景观的绘画性很强，不论是平面还是立面乃至实地风景，也不论是大场景还是小品，都很容易形成精美的画面构图。该园艺术氛围浓厚，文学意味强烈，色彩平和统一，格调清淡高雅。描绘拙政园，往往不需太多的费力雕琢，便可冉冉成器。

拙政园的景观内容很丰富，取景范围很广，可以画出很多效果绘画。其鸟瞰图在主观赏面上也可以取多个角度。除了全园鸟瞰外，还可画出多个局部鸟瞰。

全园鸟瞰由于场景大，内容多，因而，在安排画面构图时，物象往往会处理得相对小一些。局部鸟瞰则相反，由于画面内容与场景小，所以画面物象可以稍大一些，有些物象局部可刻画得相对细致明确。

如图 6-14 至图 6-16 所示。

6.1.2.2 网师园（苏州）

与拙政园一样，网师园也是中国江南私家园林的经典作品之一。正由于该园的面积不大，因而江南人家的生活气氛很浓郁，与民俗、民风、民情等人文内涵很贴近，风情景观的韵味很足。

无需远足，在闲庭信步中便可领略多姿多彩的美景，画出各个不同的园林风景画面。

与前面谈到的“看云起时”（颐和园）、“碧桐书院”（圆明园）、“玉岑精舍”（避暑山庄）不同，拙政园和网师园是至今仍完好保存下来的园子。前人留下的这一实实在在的遗产，为我们提供了触手可及的写生美景，这是很可贵可喜的。

同时，由于苏州园林现有的照片资料丰富翔实，给我们提供了众多精美的风景绘画参考。所以，这类园子的表现绘画，可以画得更加完美与“真实”，其难度也相应降低。此园也取鸟瞰与透视为例。

如图 6-17 至图 6-19 所示。

(1)

(2)

图6–13　"贮云檐"（玉岑精舍）透视效果图画法　宫晓滨

(1) 步骤一　(2) 成图

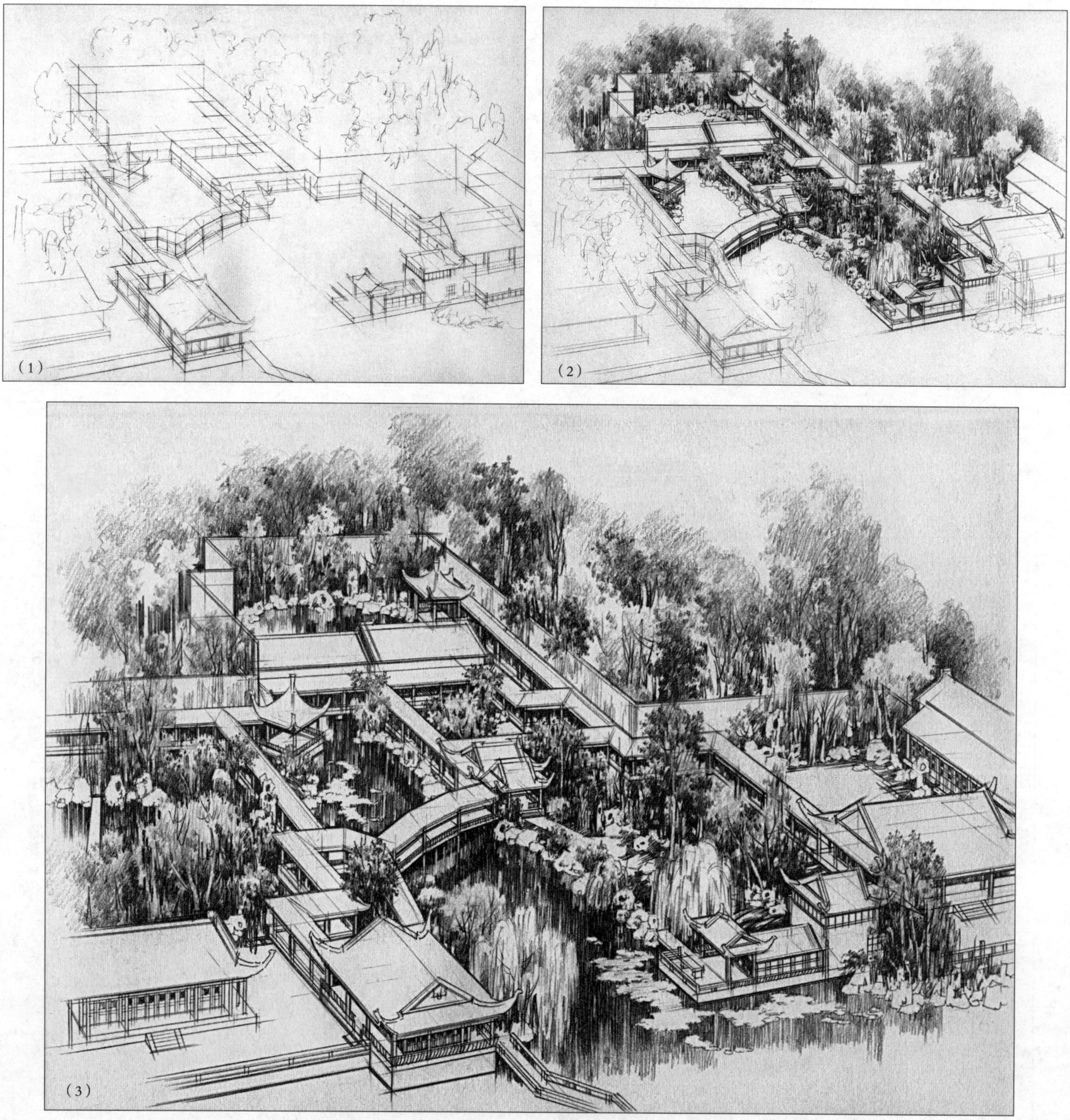

图6-14 “小飞虹”景区（苏州拙政园）鸟瞰图画法 宫晓滨

（1）步骤一 （2）步骤二 （3）成图

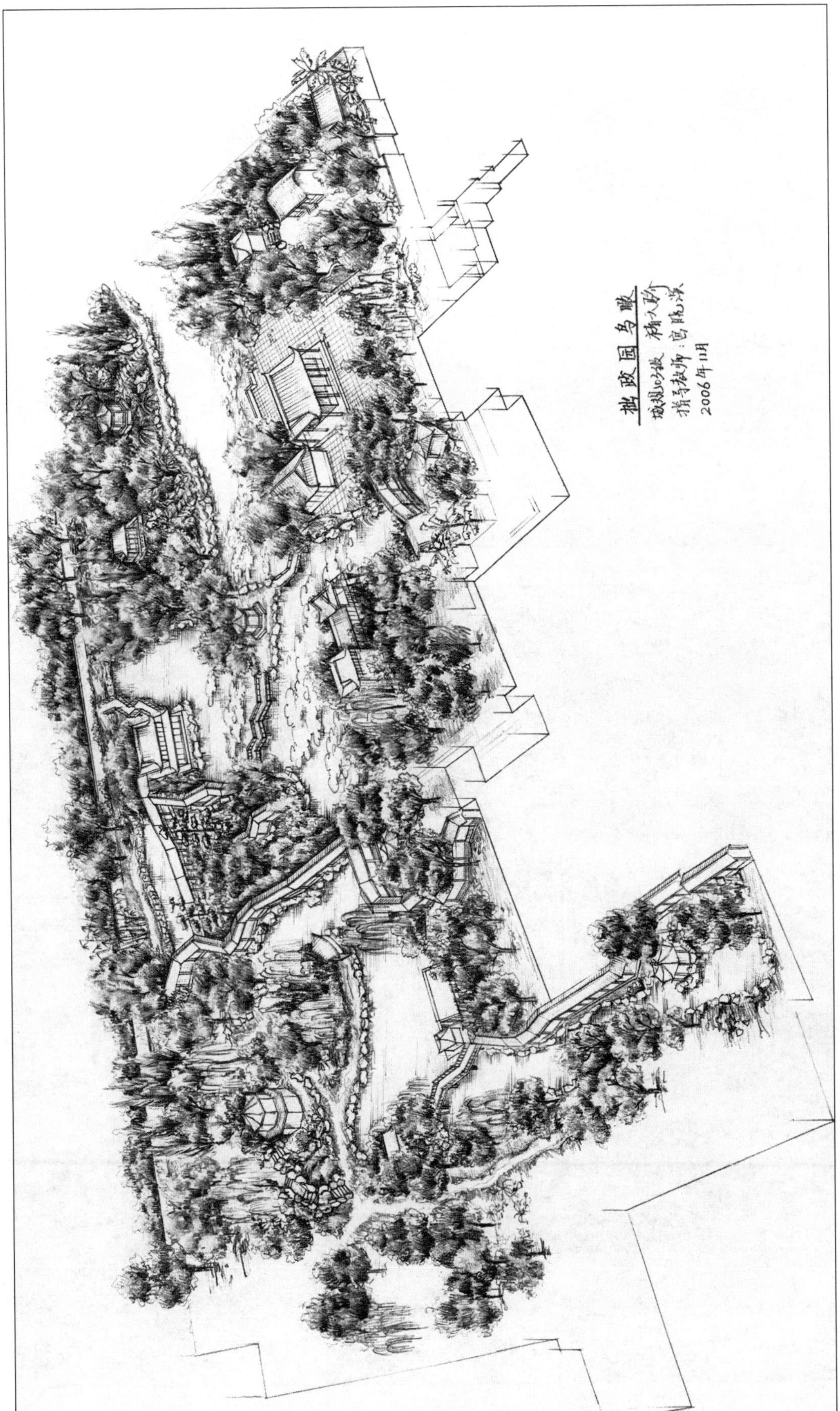

图6-15　“拙政园”鸟瞰创作　学生作业　褚天骄

图6–16　“拙政园”局部透视效果图画法　学生作业　顾嵚

（1）步骤一　（2）成图

图6-17 “网师园”鸟瞰成图 姜喆

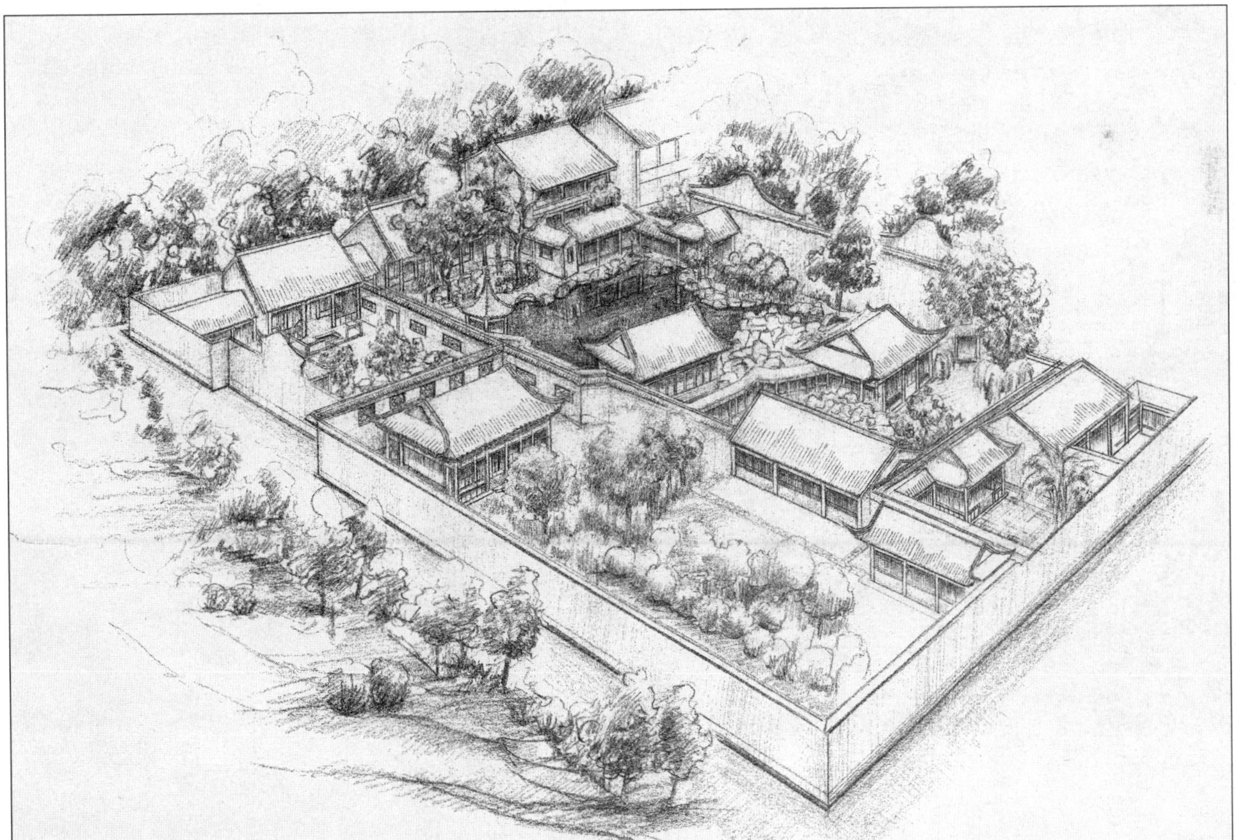

图6-18 “网师园”鸟瞰创作成图 学生作业 董瑜

图6–19 “月到风来亭”（网师园）透视效果图画法 马文华

（1）步骤一 （2）成图

6.1.3 作品选评（图6-20至图6-68）

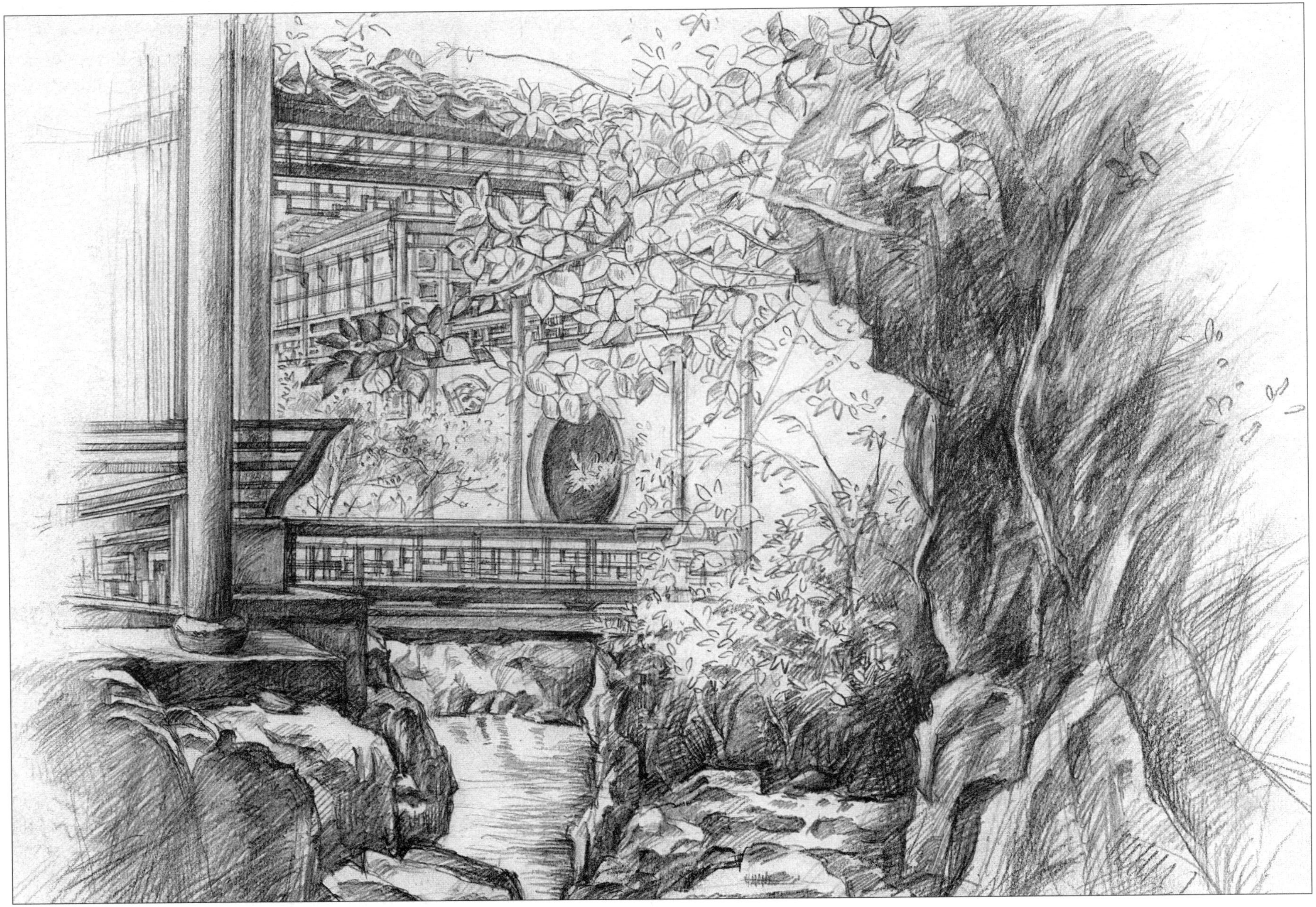

图6-20 “廊桥梦” 高文漪

此画取材于中国江南传统园林，画面构图巧妙，通过黑白灰关系的处理很好地表现出中国传统园林造景的“夺巧”之处。画面情景意境悠远、深邃，突出了逆光中建筑与植物、山石相互呼应、相互衬托的艺术效果。

图6-21　赅春园——味闲斋鸟瞰　学生作业　童静

这也是一幅成功突出结构与透视的鸟瞰素描。作者将视平线留住，根据在视平线上的透视灭点（此灭点在画外右边），依次将所有建筑的透视线推导出来。画面很清晰地向读者展现出成角透视的透视角度由近至远的变化规律，即离视平线越远，也就是离观者越近的物体，其透视角度越大；离视平线越近，也就是离观者越远的物体，其透视角度越小；与视平线重合的透视线，就变成了一条与视平线一样的水平线。

此画场面较大，味闲斋与赅春园这两个相对独立的园子，它们之间的有机联系也表现得清楚明白，具有较强的设计意味。作者在充分使用艺术手段的同时，也表现出鲜明的理性特色。此画山体地形植物的交代也很饱满到位，建筑在山中位置的高低错落，表现得清晰准确，尤其是最高处镶嵌在山崖中的建筑，其特色与细节也刻画得准确而生动，表现了作者抓大关系与深入刻画的能力。

图6-22　避暑山庄山近轩簇奇廊透视创作　学生作业　温馨

这是一幅非常优秀的遗址复原透视创作，建筑型制、透视、结构与比例均正确无误，且刻画深入细致。山势、假山以及树木植物表现得丰富自然，姿态优美。古园意境表现充分，说明性和艺术性都很强。不足：山洞稍显简单。

图6–23　碧静堂松鹤间楼透视创作　学生作业　贾子玉

松鹤间楼遗址复原透视创作，建筑刻画深入细致，结构与出廊关系明确，适度强调了“三点透视”的仰视效果，很好。自然山石刻画得尤为精彩，“静”中有“动”，组织合理层次有序，山溪的流动感很强，调子与线条的结合也很有秩序。不足：小石桥的受光部位可再“亮”些。

图6-24　创作　学生作业　杨桦晔

这是一幅非常成功的完全创作绘画，部分属于默写，应是我们园林风景画教学的高层次。该作品构图巧妙，意蕴浓郁，物像刻画深入细致而生动有趣，远景留白恰到好处。不足：右端大树与后面物体之间的层次关系应做进一步处理。

图6–25　**碧静堂透视创作**　学生作业　郭静

此画基本上以速写的艺术手段完成，画面整体效果甚佳，笔触线条和调子的运用活泼生动。建筑虚实相间且形体比例与结构的大关系妥帖适当，山石组合有秩序而层次分明，山路磴道与山溪在质感上也有了特点区分。不足：远景建筑应再"正"些。

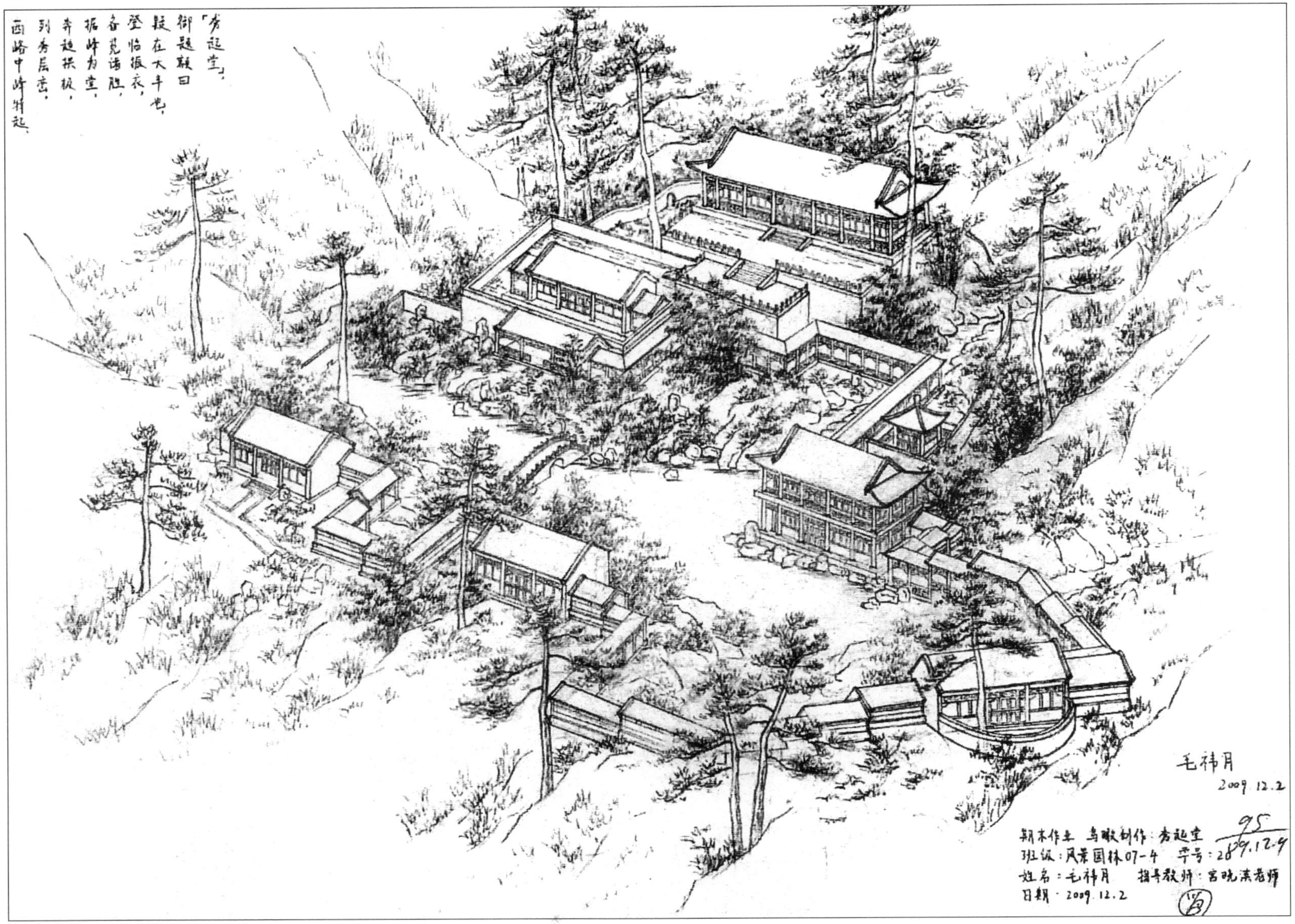

图6-26　秀起堂鸟瞰创作　学生作业　毛祎月

在这幅铅笔素描的鸟瞰创作中，作者大胆采用中国画的一些手法，虽然使用的是铅笔，但笔触线条多有中国画毛笔的神采。因而，这一尝试是成功的。建筑部分使用尺规，似有中国“界画”的感觉，山水植物徒手刻画，似有中国“写意”绘画的风貌。由此可见，鼓励学生根据自身艺术特质与绘画习惯，以多种绘画手法表现同一题材，可以展现绘画作品多姿多彩的风貌，这是符合艺术创作规律的。

作者又为作品题词：“疑在大丰也，登临振衣，备览诸胜，据峰为堂，奔趋拱极，列秀层峦，西路中锋特起。”点出了作品所表现的此情此景与中心思想，为我们理解作品及绘画与造园的创作构思，提供了有力的佐证。另外，观察这幅作品的全貌，给我们以某种“散”的印象，似像一篇散文。但细看全画主景，又很有“聚”的感受，所谓形散而神聚。可见作者是在聚精会神的状态中，以轻松愉快的笔法来完成画作的。

图6–27 山近轩透视创作 学生作业 李佳怿

此画建筑结构以及出廊的进深关系都很正确，刻画得较为深入细致。山石地势在两个大的层次上安排合理，变化自然，山路的“之”字形变化突出了曲线的美感，树木植物的动势也很生动有趣。不足：右上角的远景建筑可稍“虚”些。

图6–28　秀起堂透视创作　学生作业　李沛霖

这是一幅表现得较好的遗址创作，构图完整饱满，物像内容丰富且变化有序。调子运用得当，形体与透视准确，树木植物姿态生动，驳岸湖石层次分明且刻画深入细致，建筑结构比例也较正确合适。不足：山中溪水的流动感稍显不足。

这个建筑局部，表现的是山近轩第三层，也就是最高一层建筑的局部景观效果。因此，作者首先采用大仰视的两点透视来解决基本构图，这样，山地建筑中最常见的视觉感受与望山仰止的效果便油然而生，很好地体现了山地建筑最基本的风情特点。

山石组织得很好，刻画得也很深入细致。作者首先在山石的外形与姿态上，以立姿与卧姿加以区分，使山石之间有了姿态上的区别。因此，死的山石便产生了活的动感而显得活泼生动。可以看出，作者在努力使画面物象尽量贴近生活，贴近自然而更显真实。在画中特意安排的这三棵倒伏的树干，使我们联想到历史的沧桑以及人们生活的某种情结，使画面隐隐显出一些人文与戏剧性的意义，颇有耐人寻味之感。这种安排，便是艺术构思范围的范畴，因此，艺术上的感觉与感受，在园林创作绘画中是很重要的。

图6–29　山近轩局部透视　学生作业　汪冰冰

太湖石“玉玲珑”位于上海豫园，是中国传统观赏太湖石“四大名石”之一，也是中国传统文人审美观的代表作品。此画素描笔法工整，刻画深入细致，虽在形体处理上略有夸张，但基本保持尊重对象的写实主义风格。此石虽是一块具体的、真实的具象物体，但仍有很强的抽象因素。用具象的写实手法，认真表现其中的抽象意味，是完成此画最主要的目的。

图6–30 太湖石“玉玲珑”素描示范 宫晓滨

图6-31　秀起堂透视创作　学生作业　牟往盈

仰视、平视、俯视和环视，是人们在观察景物时最常用又最习惯用的四种视角。“欲穷千里目，更上一层楼”。就是讲从仰视到平视再到俯视和环视的视觉感受过程。脍炙人口的“枯藤老树昏鸦，小桥流水人家，古道西风瘦马，夕阳西下，断肠人在天涯”，讲的则是从平视到仰视再到俯视及环视的视觉感受过程与心理上的感情反应。另外，从触景生情到借景抒情，是进行风景绘画创作所必须经历的情感思维与艺术上的构思过程。只有这样，才能使风景构图具备产生诗情画意式意境的创作基础。

此画取仰视，在具体技法上处理得当，如处于山地上的高台建筑在仰视情况下所展露的基本形体与结构，以及回廊的走向和仰视感觉，都表现得很到位。山溪河道及两岸山石也刻画得层次分明、组织有序，形体与姿态都很生动，是幅好画。

图6-32　玉岑精舍积翠亭透视创作　学生作业　杜毅南

在园林风景创作教学中，鼓励学生使用多种工具材料，这幅用钢笔创作的遗址复原绘画很成功。运用线条线组的"疏密"，认真细致地刻画风景物像的形体和动态，表现出较强的线条组织能力与艺术技巧。不足：亭子基座与围栏应有适当材质的质感区别。

图6-33 秀起堂鸟瞰创作 学生作业 牟往盈

这张画可圈可点之处主要有两点：一是采用竖构图来安排较大场景的鸟瞰物象布局。通常我们最常采用横向构图来画鸟瞰，这无疑是有利于鸟瞰绘画的构图的，尤其是画处于平地上的园林风景时更是这样，但在用横构图表现山地园林物象的高差对比时，难度加大。用竖构图，则可有利于解决物象高差对比的问题。作者在此画中进行了大胆尝试，用竖构图，并适度拉大了物象高度与位置上的高差尺度，把园林山地特点，表现得很成功。

二是在处理环境与背景植物时，有重点地用“暗托亮”手法刻画了几棵大树，其他大面积的植物用调子进行统一处理，因而使背景植物在整体调子感上显得很“整体”。另外，在素描上也采用了多种技法，有勾线，有调子，有方向不同的排线，更有晕擦，使主景周围的背景树丛与陡峭山体的衔接过渡很自然，也很好看。可以看出作者在素描多种技法的掌握上，具有一定功力。

这是京杭大运河进入苏州段后，岸上的一处江苏民居风景。石材驳岸与小院围墙，竹篱为门，简陋而多形体变化的杂物小棚，两层小楼的民房，晾晒的衣物，这些都具有苏北普通百姓的生活气息，“下里巴人”的人情味道浓郁，很感人，颇具画意。画者应首先对景物风情有所触动，有所感受，较能“见景生情”，随后才可能“借景抒情”。这是一幅炭笔素描，除了笔触与调子外，作者利用炭笔特点，多处采用了晕擦技法。

图6-34　民居素描　宫晓滨

图6–35　秀起堂透视创作　学生作业　夏倩影

此画调子温和可亲，黑、白、灰的过渡自然，对比清楚。主体建筑与迴廊的结合关系合理而自然，结构明确，而且刻画出了一定的动势，树木调子由实变虚的安排较为巧妙，山溪自然活泼。不足：山溪在体量上可以再小些，以适合山中水体的实际状况。

图6-36 静心斋·罨画窗素描 宫晓滨

这是一张照片改绘，作者以写实的素描手法，深入细致地表现了北海静心斋中感人的一隅风情。画面分主次刻画了两个中心，一是小石桥，一是罨画窗。此建筑为卷棚悬山，开三间并出廊，左右均接自由式爬山廊，东段廊子东面封墙，不开窗，西段廊子北面封墙并开窗。顺此廊而上可见园北的什刹海，环境绝佳。小石桥除受光面留白以外，其他所有部件均深入刻画，水中倒影下了一番工夫，使此景充满了灵气。

图6-37　静水留香——避暑山庄蘋香沜设计构思默画草图　学生作业　王钰

图6-38　林水相依——避暑山庄“旷观”设计构思默画草图　学生作业　王钰

这是两幅设计创作构思的默写草图，很好。中国园林风景画创作的“灵感”，主要来源于两个方面，一是风景绘画的实践经验积累；二是“见景生情”，两者相融，进而才可能做到“借景抒情”。因此，在以文字表达构思情境的基础上，创作小构图的默写草图，则是方便快捷又及时地记录和表达我们设计与创作构思的最佳绘画手段。多随手画默写，大有益。

图6-39　碧静堂透视创作　学生作业　曹文雯

这是一幅很成功的铅笔白描的遗址复原创作，全画基本未使用调子，但风景物像的特点，形体转折与结构，山势的地形变化以及空间层次关系都表现得很充分自然，生动合理。其中廊子的转折相接与结构以及透视关系尤为突出，毫不含糊，非常精彩。不足：廊子背景树木可再高大些。

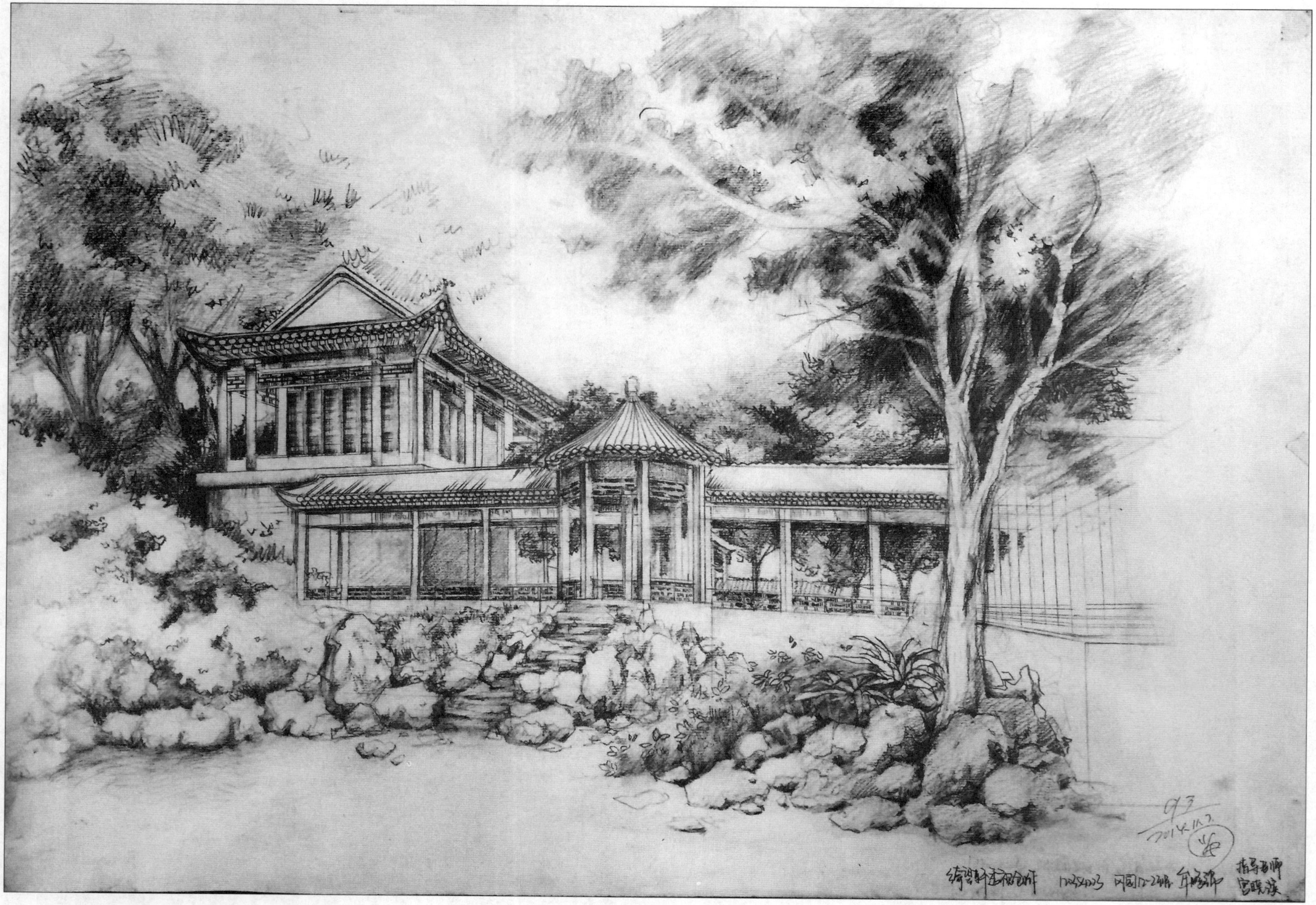

图6–40　绮望轩透视创作　学生作业　牟鹏锦

这是一幅颐和园绮望轩留云阁的遗址复原创作，建筑型制、透视、比例、结构以及开间出廊都很正确。物像刻画得较为深入细致，廊子右端留有部分起稿线条，演示了推导过程，树木姿态优美，调子变化耐看。不足：近景山石稍作体量区分则更好。

图6–41 玉岑精舍鸟瞰创作 学生作业 张京京

在这张画中，作者用白描与速写的手法，简洁明快地表现了园子的全貌。这幅作品最突出的部分，是从全园最低处的“涌玉”到全园最高处“贮云檐”的这段自由式爬山廊。在这段爬山廊的刻画中，作者认真参照平面图与立面图的标示，不论是该爬山廊的走势、拐角，还是开间、结构，均刻画出色与到位，这很不容易，非摸透读懂平面图不可。同时，作者采用线性结构素描的艺术手段，将该廊外侧墙，墙上开花窗的基本形式，也说明得清楚无误。

另外，山体形势以及与园子的关系，同样采用白描手法表现得很好。山中溪水自上而下，汇入园中以及流出的方向也刻画得很清楚，很好地表现出整个水体的流动趋势。松树的位置认真参照平面图而画，且姿态自然，周围其他乔木及大小灌木用速写的简括线条解决，并且有意识地分为几组，使植物群落组织感与层次感加强，其线条轻松自然，流畅而好看。

图6-42　圆明园西峰秀色素描　学生作业　许愿

这是一幅线条加调子的鸟瞰素描。作者在只有简括的平面图而无立面与其他参考资料的情况下，根据自身丰富的园林建筑、植物等综合景观的写生经验与知识积累，并凭借熟练的绘画技法，画出这样一幅优美的图画，这是很不简单的。西峰秀色是圆明园四十景中一处独特的景园，全园创作主题与意境在于“西峰”。作者紧紧地抓住了这一主题，将西峰瀑布风景与处于画面中心位置的建筑主体，有机地结合在一起，使人在阅画时，会很自然地跟着“主体”，明确地感受到“主题”。这样的处理手法，使整个画面在构图上显得很巧妙，因此在艺术上很成功。

另一方面，作者在画面物象的“疏密”安排上，也有独到之处，建筑主体“密”而抓人，西峰主题“疏”而引人。这一安排，又使画面在整体上显得松紧有序，一张一弛，画面则更具艺术感染力。全画透视感觉良好，形体与结构准确，树木与建筑的互衬关系明确，树种丰富，水面清澈，为读者展现了一幅设计与艺术双赢的美好画面。

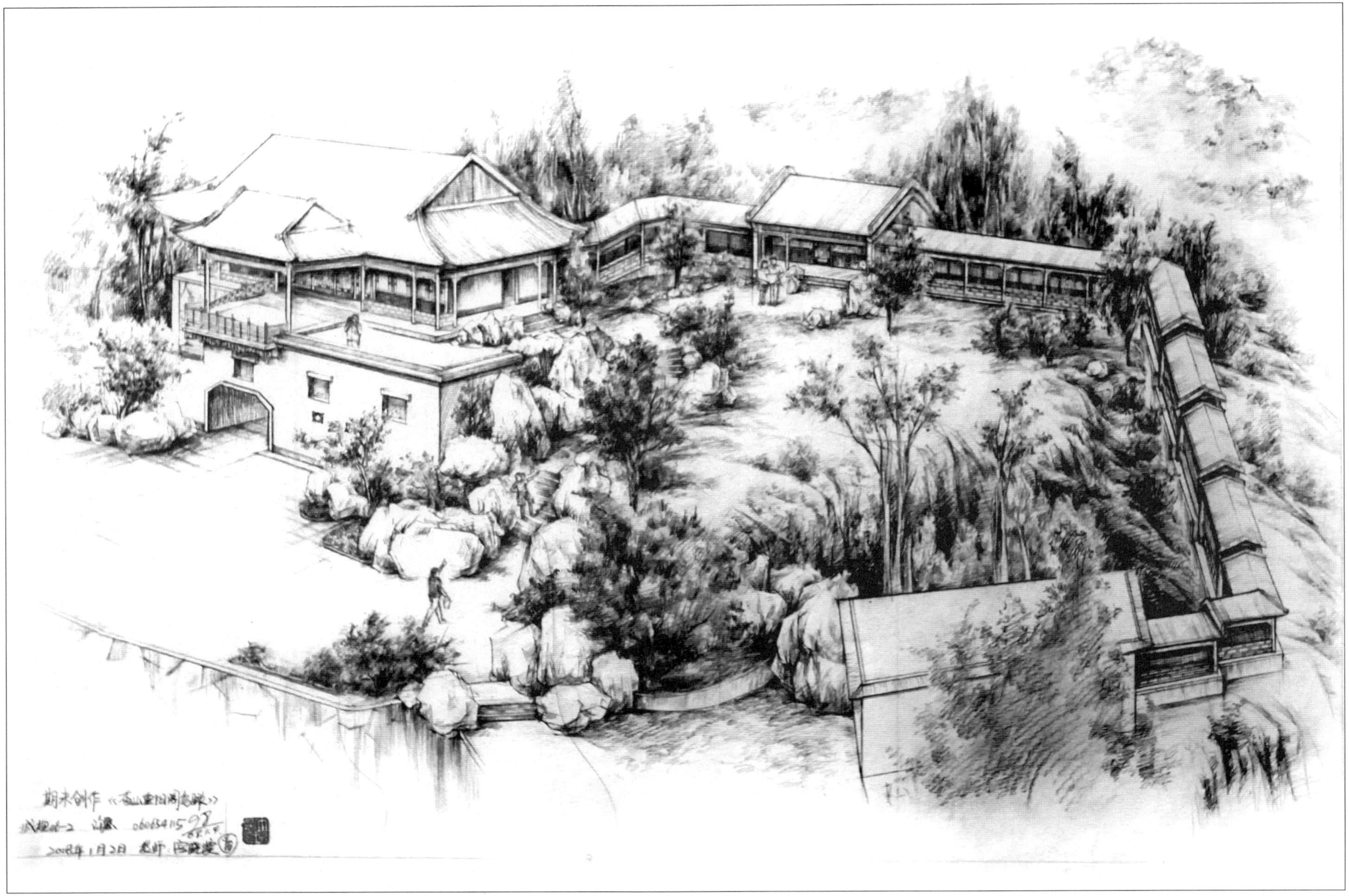

图6-43　北京香山重阳阁素描　学生作业　许愿

香山重阳阁，现用作索道设施。作者在创作这幅鸟瞰素描时，淡化了索道，着重表现了重阳阁的园林风景效果，这是成功的。主建筑重阳阁为高台上的卷棚歇山与抱厦形式，廊子有三种，平廊、自由式爬山廊与叠落式爬山廊，这些建筑形式都表现得很准确。建筑的平面位置，有互相平行的，也有不平行的，因而产生了在整体上较复杂的多点透视。多点透视的透视延伸线所形成的所有灭点，均要处于一条视平线上。作者抓住了这一要点，使画面透视感舒服耐看。

山地与植物的处理也很得当，地形变化刻画得既深入细致，又生动概括，层次关系循序渐进，因而显得更加自然。建筑与自然台地，用山石组合作为分割与过渡，其中山道时隐时现，使人工与自然的风景物象既有质感差别，又有衔接呼应，十分和谐。人物的刻画恰到好处，使画面既有了体量比例，又显出几分生气，很好。

图6-44　**蓟门烟树**　张雪辉

蓟门烟树是北京著名历史人文景点之一，现已重新设计复建。此景原貌应为自然意味的城关风情，老城土山，杂树繁茂，老护城河的自然坡岸、原生态杂草地、田野、农舍，湿气浓重而烟雾漫漫，野趣横生。时代变迁，原貌不存，只好根据“新蓟门烟树”的图纸资料进行绘画创作。

此画表现的是“蓟门”，虽然以平、立、剖面图为参照资料，但作者根据自身对“烟树”原貌的理解与想象，大胆地进行了环境上的改动，将门前广场改为草地、道路与树木，使画面尽量少些现代城市的味道，多些乡野的清新。这一改，立刻使画面中的风物更加接近过去的情景，也更加突出作者在绘画中创作的能动性。画中树木草地刻画得真实自然，尤其是城墙上树的影子，更显生动，给人以微风吹过，枝条摇曳的感动。城砖处理得当，疏密与留白过渡自然，且刻画深入细致而逼真，表现出作者具有相当的风景素描功力。

图6-45　碧静堂鸟瞰创作　学生作业　杨雪

这是一幅较为“经典”的遗址复原“理性推导”创作，在平面透视的基础上根据地形高差变化与比例，将建筑群体和山体经“垂直拔高”“立”起来。这一推导过程的演示说明性很强，“动脑子”的逻辑性也表达得非常充分，是一幅很成功的“理性绘画”作品。不足：树木植物再清晰明确些则更加完美。

图6–46　赅春园和味闲斋鸟瞰创作　学生作业　吕莹

这是赅春园和味闲斋的全园鸟瞰，西部的味闲斋为一相对独立的小园，经垂花门过小院便是味闲斋。这是一个悬山带抱厦的建筑，后面又有一个狭长的小院，尤为精致。味闲斋以自由式爬山廊和钟亭与全园联系起来，钟亭立于高台之上，开涵洞，最高处的留云阁瀑布高垂，其水经涵洞，走明渠，下桃花沟，过澄碧亭，泄万寿山后湖。

此画有两个突出的优点：一是作者将赅春园和味闲斋所处的地形地貌以及山势表现得很成功。首先将山势进行了合理的夸张，增加了高度，突显了山体的动势。其次是用留白法表现了淡淡的云霭，云中又有鸟儿掠过，增加了作品的生动性与飘渺的画境。自然式的流水明渠也交代得很明确，全画将山水地形表现得非常完整。二是建筑群以白描法刻画得十分精准到位，建筑的高低位置和互相的连带关系也交代得很清楚。同时，山石树木在构图上“以点带线”，布置得很有秩序感，且姿态各异，甚为生动。

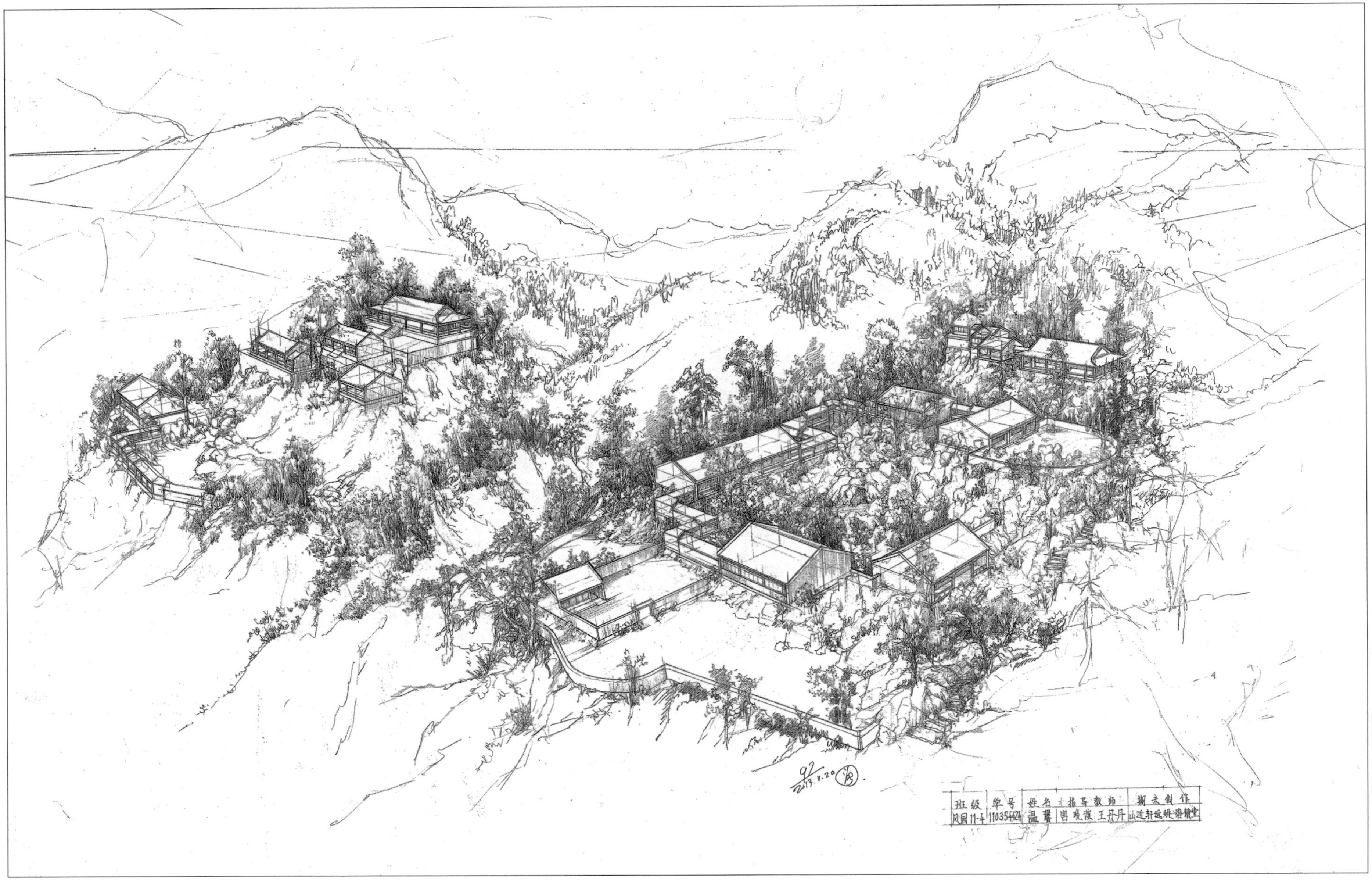

图6-47　山近轩秀起堂组合鸟瞰创作　学生作业　温馨

这是一幅非常优秀的遗址复原鸟瞰创作，将两个园子结合起来，一图两园，工作量增倍。这需要很强的风景组合能力和绘画技法与手段，以及认真周到而细致的绘画工作态度。建筑基本采用结构素描，以周围调子素描的树木群落衬托整体，山势地形白描，两点透视的推导线适度保留，画面效果非常生动活泼。不足：透视线可以再清晰一些。

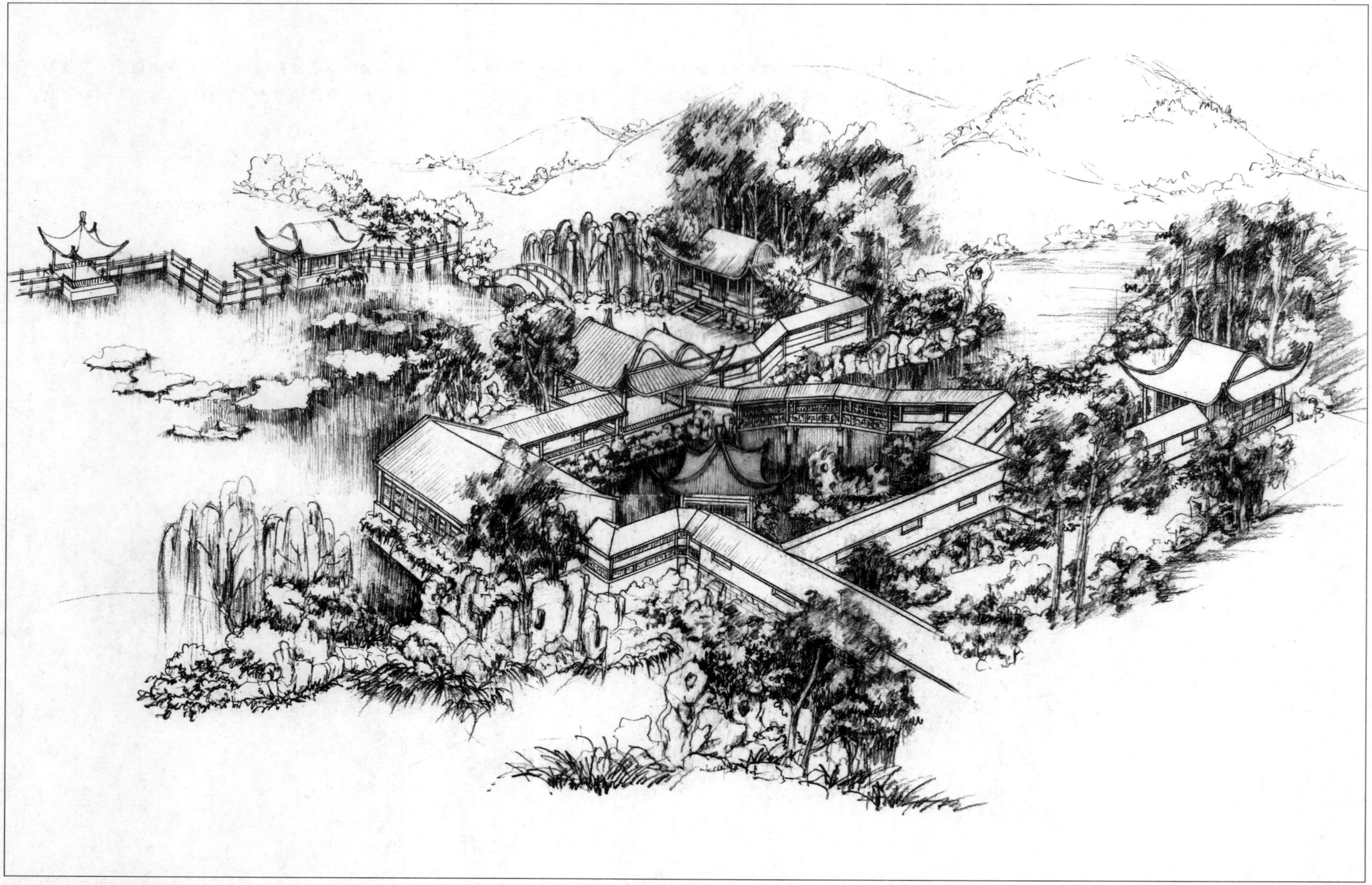

图6–48　拙政园局部变体鸟瞰　学生作业　周琳

根据自身设计性的想象与创意，将现有的一两个园林风景，重新分解组合成一个新的园子，这是园林风景创作绘画教学中的一个重要环节。这一训练手段，既可以培养学生具有一定创造性的艺术劳动能力，又可以使园林创作绘画教学抓住学生园林设计的原本功课，从而增强他们园林设计中的艺术素质。

此画取拙政园小飞虹景区中段并稍加改动，以建筑、水体以及山石、植物组成画面主体，形成一个局部的面。以新想象的附属建筑和回廊、石桥以及水面曲桥连成点和线，并与主体相接，在画面上形成“之”字形基本构图和整体上的构图韵律曲线。这样，画面就呈现出优美的线性变化而颇有气韵。作者在素描技法的使用上也很有特点，以线条清楚准确并且相当细致地勾画出建筑形体与结构，其转折关系也交代得明白无误，且大量留白。水面倒影用垂直线条画调子，鲜明地表现出水平如镜的情景，整个画面干净利落，清心悦目。

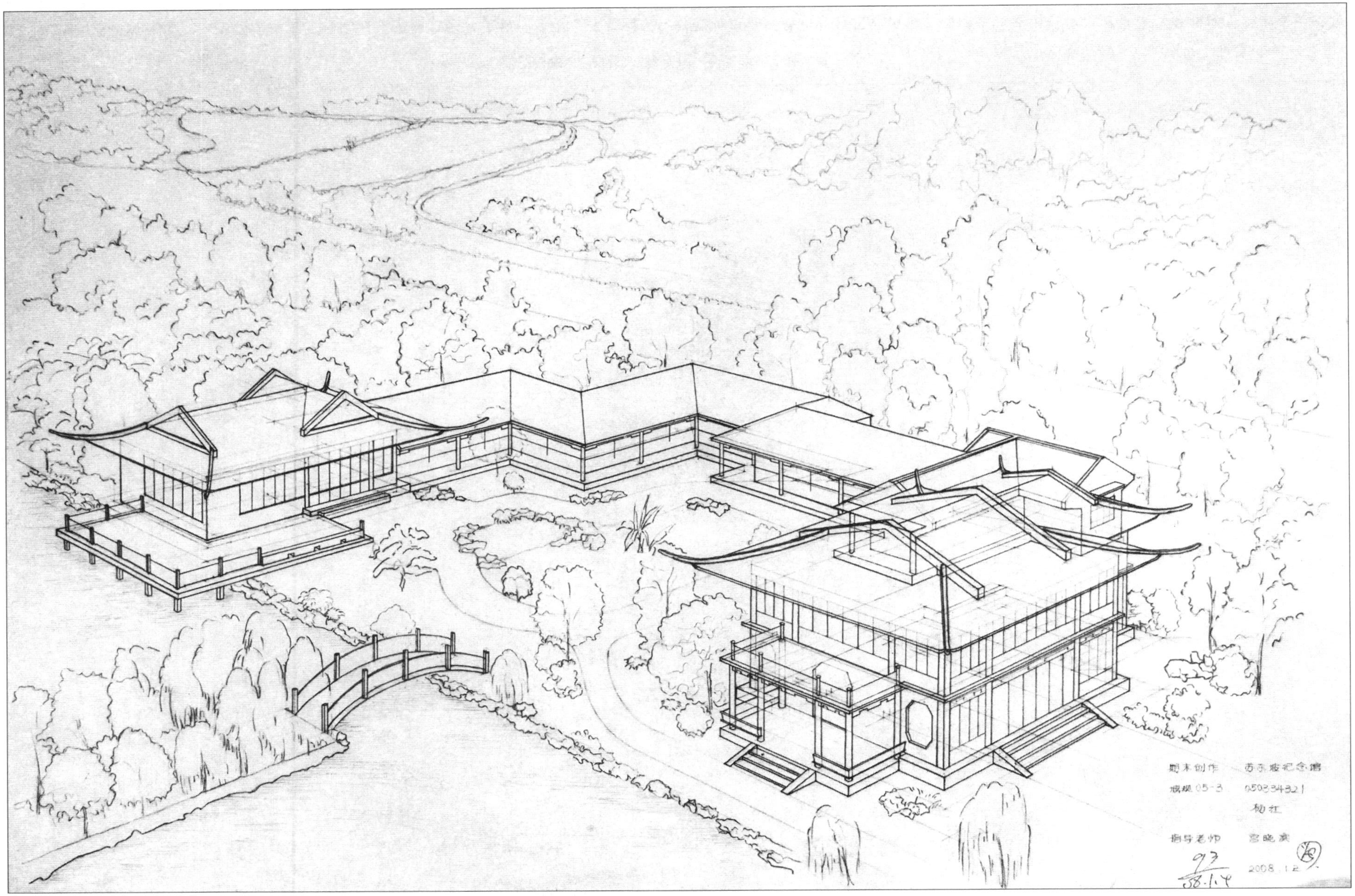

图6-49 杭州苏东坡纪念馆鸟瞰创作 学生作业 杨红

建筑以白描着重刻画结构与建筑群体之间的结合以及转折关系，同时，透过近景建筑可以看到后面“被遮挡住”的建筑，极具“说明性”和逻辑性。搞清了物像结构关系，也更显绘画性与艺术感染力。周围树木和远景西湖虽为突出主体物像而虚画，但大的形体仍很准确无误。不足：树种变化再丰富些则更好。

图6–50 秀起堂鸟瞰创作 学生作业 孙宏睿

此画构图合理饱满，画面整洁清爽，物像形体明确完整。植物种类丰富并起到了较好的对建筑群的衬托作用，山水流动感强，地形地貌合理自然。全部徒手，画面生动活泼，环境优美。不足：缺乏高大古树。

图6-51　碧静堂鸟瞰创作　学生作业　刘祥玲瑞

避暑山庄碧静堂的遗址复原鸟瞰创作，该作品很具艺术个性，在处理手法上既效法自然又不拘于自然，充分突出了素描绘画本身的“调子美感”，在严格遵循科学性的基础上又彰显了绘画性。建筑以白描刻画形体结构，很是清晰明确。右下角一颗生动的树与主景产生了呼应关系。不足：画面右部稍加些调子则更显均衡。

图6-52　杭州苏东坡纪念馆鸟瞰　学生作业　孙晓鲲

杭州苏东坡纪念馆位于西湖之畔，是新建园林。该园借西湖之胜，风景秀丽，文化气氛浓郁。建筑形式在传统基础上有所创新，因变化较多，故表现起来稍显繁杂棘手。纪念馆所处地形平缓，建筑在高低位置上无大的对比，基本属平地园林，而且所有建筑均相互平行，转角为直角，因此是较典型的两点透视。

此画在绘制时，参照建筑立面图，将平面图转换为两点透视网格就可直接把建筑立起来，因而在这一步骤上相对较易。难点主要在于主建筑屋顶的表现，屋顶变化丰富，结构相对复杂，须认真对照立面图所示并认真刻画表现，要费一番气力，而且须具备较丰富的建筑知识与较强的绘画功力。作者很成功地解决了上述问题，两点透视表达得很准确，不论是建筑还是道路，空间纵深感很强，回廊式展室的曲折转弯刻画也很准确。环境植物丰富，南方地域特色明显，一泓西湖之水，展现了园子的地利之美。

图6–53　云溪山舍　学生作业　梁帅

这是一幅优秀的完全鸟瞰创作，即学生不凭借教师提供的以及其他的现成平、立、剖面图，而是完全根据自己的想象与设计，独立完成一幅全新的传统园林风景鸟瞰创作。当然，学生需要寻找与参考多种园林资料，但较丰富的园林建筑、植物、山水、地形等知识以及熟练的绘画技法，仍是完成这种创作绘画的必备条件。

此画建筑形式非常丰富，布局既紧凑又舒展，围合空间的安排也较巧妙，且透视、结构、形体表现得均很合理而准确。山水地形刻画得也很舒适自然，湖面与山溪的连带关系和来龙去脉在虚实相间的处理中显出惬意之态。一脉山屿与湖堤将水体分割，形成一大一小又相通的两个小湖，曲桥在湖烟中时隐时现。岸柳轻盈，山松浓郁，又隐约现出一个六角山亭，很有幽深之感。画题咏道："黛绿青山映晓晴，舒云漫舞意轻盈。青松舒展迎风至，露草微凝有画生。"很确切地点出了构思立意，使作品洋溢着艺术浪漫的风情。

图6–54　大觉寺素描写生　学生作业　温馨

这是一幅在北京西山大觉寺的现场素描写生，虽为写生，但作者以自身的主观创作能动性，将作品画得很有创意韵味。对于园林设计的学生，允许并鼓励使用多种绘画技法和工具手段，实践证明，在风景素描绘画中，徒手与使用直尺相结合，确是一个不错的技法选择。

此画主角建筑形体、结构和“阴、影”用直尺刻画，山墙上的暗红色调和树丛投影徒手表现，其他背景和树木山石均徒手。这是一个悬山式的两层小楼，前出廊，东西两侧以山石磴道通二层，很有北方山居特色。作者非常精准地刻画了建筑的主要结构，柱、枋、檩、椽、瓦等部件均表现得规矩完整。这样，在认真刻画建筑的透视与结构中，使画面物象自然形成了疏密、松紧以及黑白关系等素描因素的绘画美感。植物树木和山石磴道又采用线条与调子相结合的手法，既表现出了树与石的质感差别，又成功地衬托出建筑。同时，画面又展现出轻松帅气的线条，充分体现了作者熟练的技法水平。

图6-55 山近轩透视素描 学生作业 黄宇凌

园林建筑在基本形式、外观结构与形象特点上的刻画，尤其是带有设计意图的效果表现绘画，要求基本满足设计意图的技术要求。特别在表现景区局部风景时，由于建筑等主要物象在画面上所占比重较大，这一点显得尤为重要。此类绘画既要求艺术处理与适度夸张，又要求基本满足技术上的说明性和艺术上的感染力这两个方面的需求。

此画在这一点上表现突出，作者用速写的手法，将卷棚建筑与歇山抱厦相结合，刻画得很准确。同时，另一组建筑以廊相连又很自然流畅，使画面物象充分具备了说明性的功能，同时又具有很好的艺术感染力。前景假山石分为前、左、右三组，烘托出了建筑不同的高度与位置。山石组织层次分明，山洞刻画具体且与自然山体结合自然。几棵高大松树很好地表现出园子的自然风情与时代氛围，远山线条虽然概括，但很明确地表现出园子的“山居”意味。

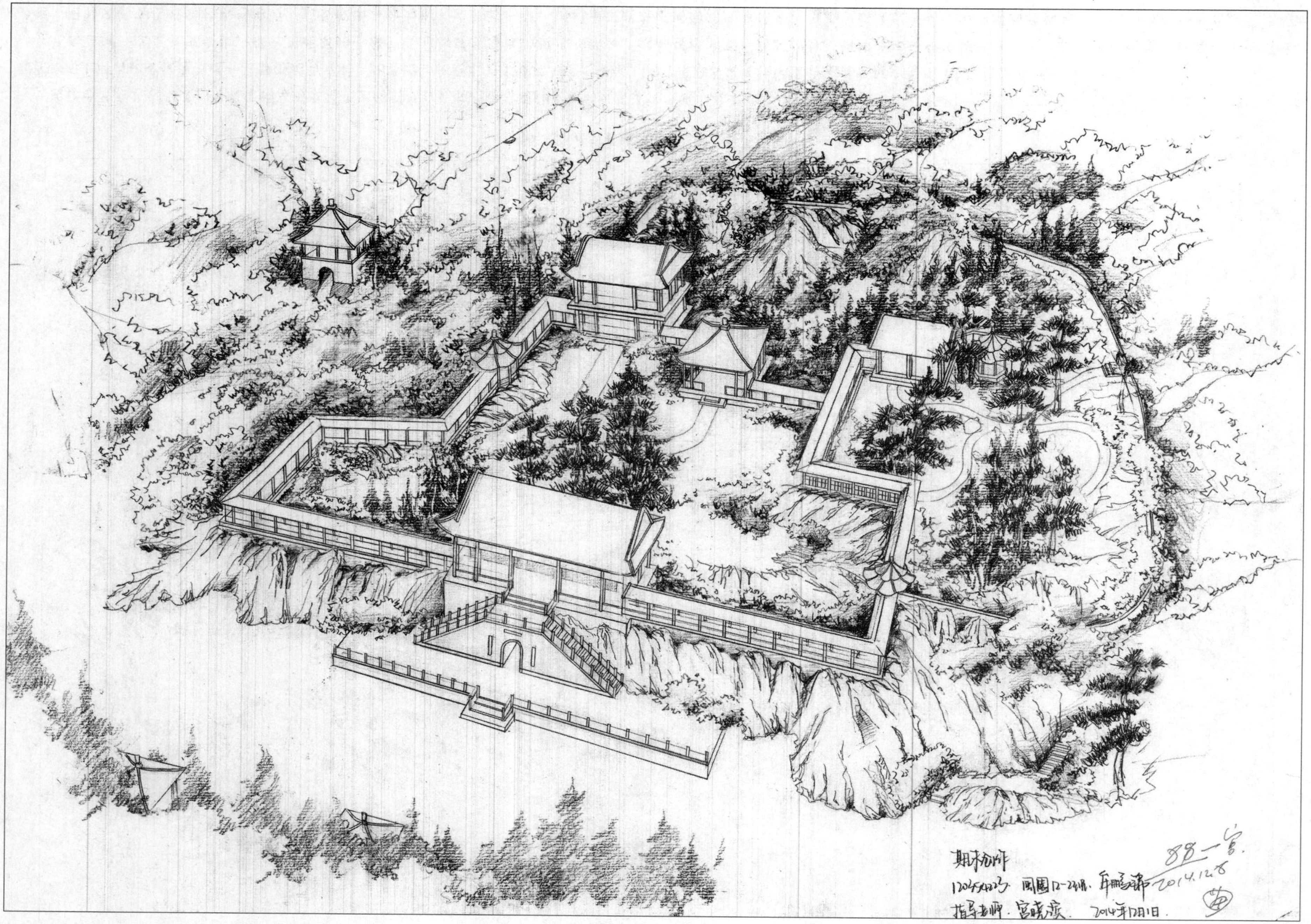

图6–56　颐和园绮望轩鸟瞰创作　学生作业　牟鹏锦

鸟瞰创作的视觉角度越是提高，绘画难度则越大，此画完成得较为成功。作者采用了部分调子与线条的“疏密关系”相结合的手法，较好地表现了该园高角度鸟瞰的整体效果。画面整洁干净，物像形体准确，透视关系明白。不足：右下角驳岸上的青石假山稍显欠缺。

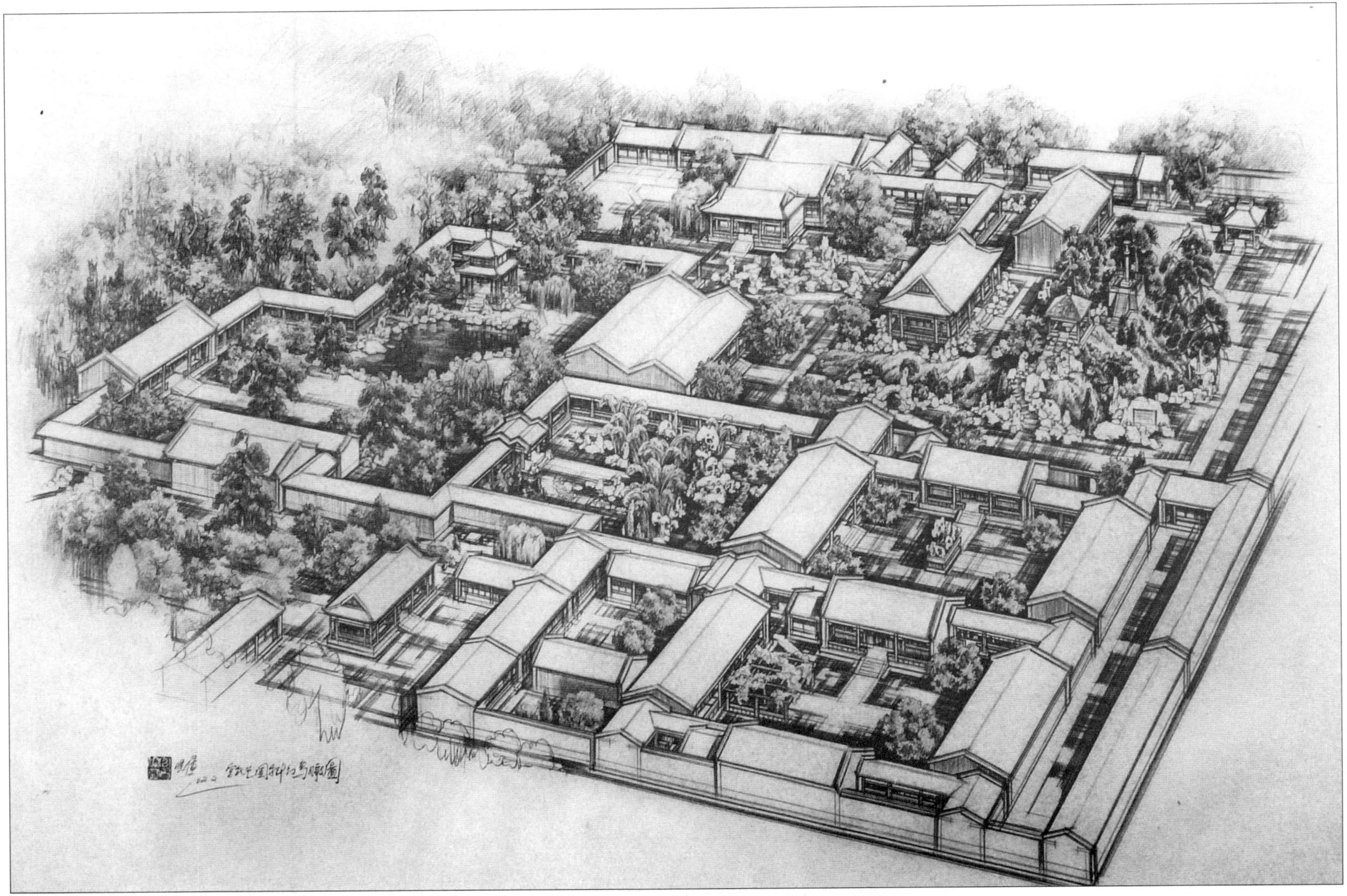

图6-57　某宅院鸟瞰素描　宫晓滨

这是一幅完全自编的北京宅院鸟瞰，以四合院为基础，加了一个山地园和一个水池园。建筑由卷棚、歇山、悬山、重檐攒尖、单檐攒尖以及盝顶等形式组合。植物以常绿为主，旁有乔灌木和葡萄架、海棠、竹子等，力图展现北京四合院的民居风情。建筑与铺装道路用直尺，植物徒手，屋顶全部简化留白，不作瓦道的细部刻画。植物也以抓整体大关系为主并降低高度，以展现全院建筑布局，北小门外植物虚化处理。

图6-58　湛清寻诗　宫晓滨

湛清轩位于颐和园谐趣园西岸，背山面水，北侧是著名的“寻诗径”。这幅作品表现了湛清轩北立面，开窗便见寻诗径，因而虽然只画了湛清轩的一个局部，但也包含了寻诗径一隅，形成“清诗”的画境。作者认真、工整、细致并不厌其烦地刻画了建筑的结构与光影，使建筑显现出非常具体实际的艺术效果。屋前树干树叶的表现，又使其具有了含蓄的意味。

图6–59 秀起堂振藻楼 学生作业 马文华

振藻楼是秀起堂中一座很精致的建筑，卷棚歇山而四周出廊，旁置高台，台上一亭，为四角攒尖，回廊为卷棚歇山。作者在画中将这三种建筑形式与结构，刻画得深入细致，显示出其扎实的建筑知识。环境植物采用多种笔触手法，以表现常绿远树、乔木、灌木及花草，其形象特点与建筑产生明确的质感对比，很成功。

此画基本以素描调子为主要手法，辅以线条勾勒。先用线条勾出物象轮廓与结构，继而用调子充实，以表现物象的体、面关系及光影效果。这一方式可以较逼真地表现风景物象，但要求作者具备较扎实的素描功底。作者以熟练的素描技法将建筑以线条加调子的笔法画出，同时，树冠树叶部分又基本以素描调子表现。这样，使建筑与植物的“软、硬”质感差别，有了鲜明的体现。山石驳岸用亮调子处理，突出了建筑主体，山溪流动感很强，使建筑近水而自然，抓住了自然山水园这一主题。

图6-60　退思园·闹红一舸（素描速写）　宫晓滨

本画作采用最常见和最典型的取景角度，多有与此角度一致的摄影作品。因见得多，熟悉此景状况，因而此画基本上以默写完成。使用炭笔，将笔头削尖，采用两种握笔姿势：横握与立握，以横握为主。立握以勾线为主，刻画部分细致结构。横握以勾线和皴擦结合，刻画形体、透视、阴影以及水面水纹、倒影、植物树木和山石，窗格也用横握笔触画出。多用横握式，可保持笔头的尖锐，以利于刻画物象精细部分的不时之需。

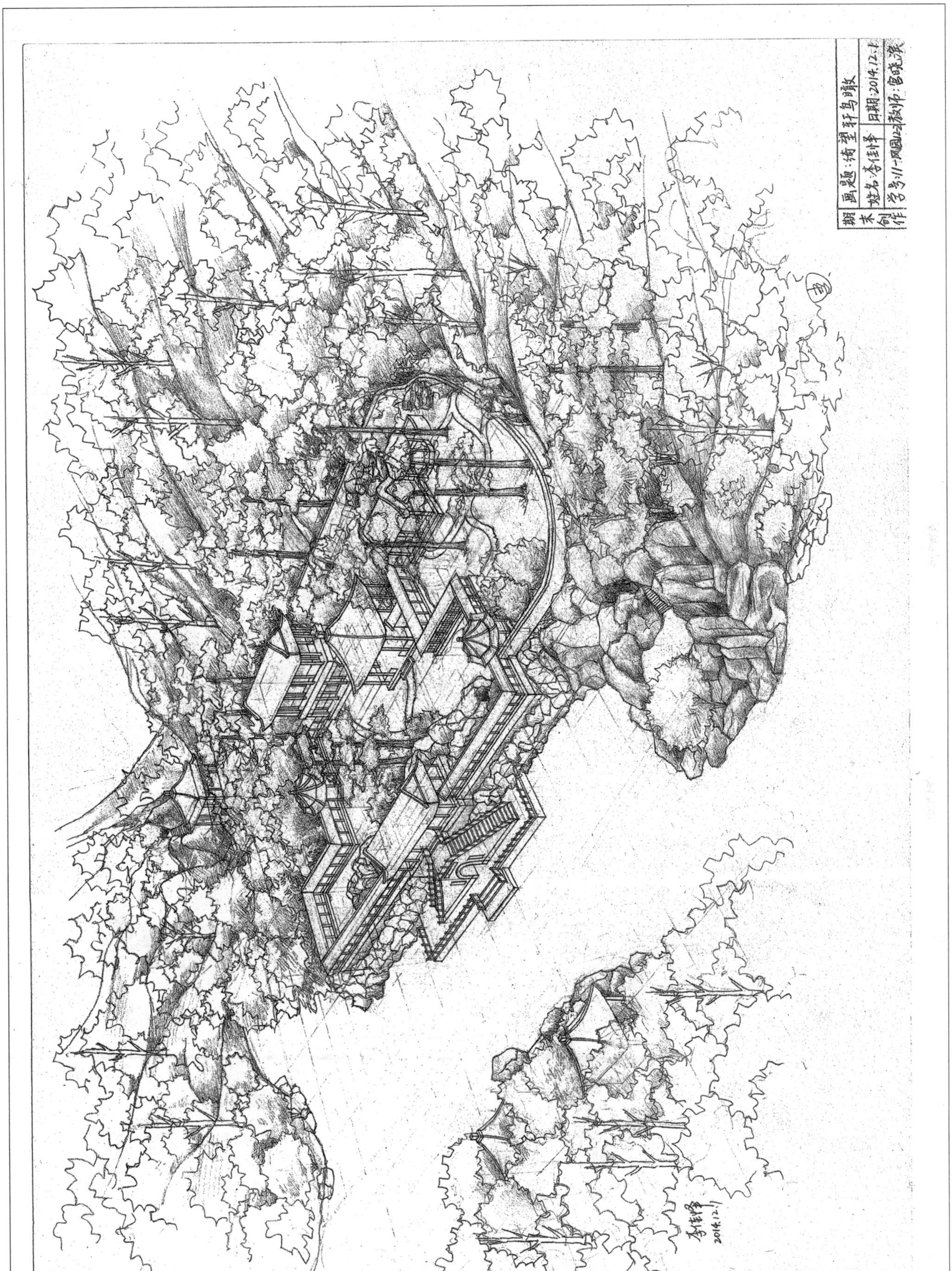

图6-61　绮望轩鸟瞰创作　学生作业　李佳泽

此画最大长处在于：建筑群在整体面积体量上的比例以及相互距离安排得很确切，这是有一定难度的。该作品以白描线条刻画形体为主，稍作灰调充实为辅，较成功地表现出古典园林风景物像的整体相貌与个体特点。不足：右下角青石假山可再“亮”些。

图6-62　山近轩鸟瞰创作　学生作业　朱胤齐

这幅遗址复原鸟瞰创作，以线条勾形、调子渲染为主要艺术手法，较好地表现出古园的历史遗存内涵和丰满的自然风貌。建筑白描，周围树木茂密，以调子“重染”烘托，艺术绘画性效果强烈。不足：树群中稍有稀疏之处则更显“透气”与自然。

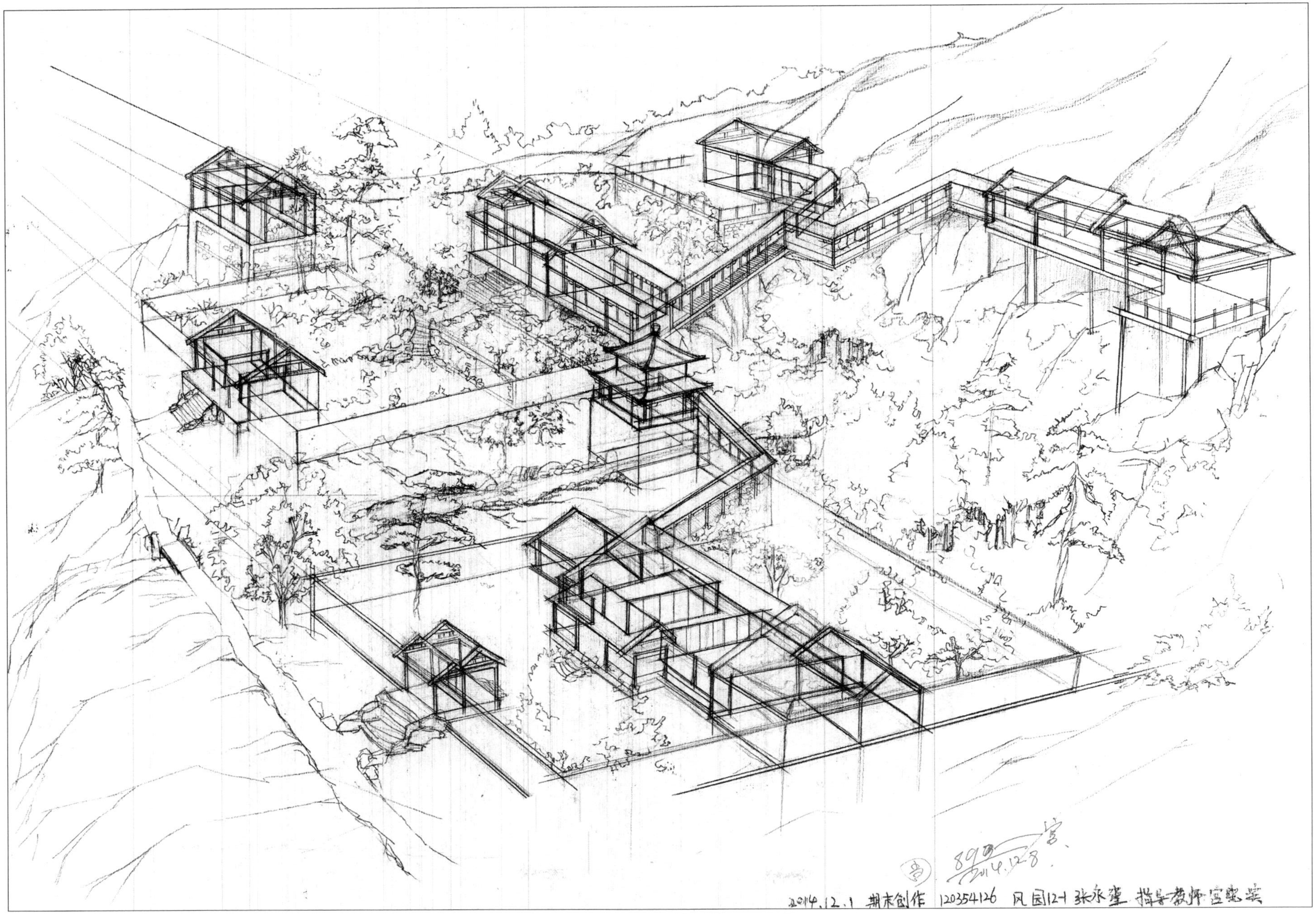

图6-63 颐和园赅春园鸟瞰创作 学生作业 张永谨

这是一幅较为典型的结构透视素描作品，全画建筑结构清晰明确，透视推导合理适当。味闲斋与赅春园两园的结合安排与实际十分吻合，并且表现得自然顺畅，地形山势也很好地刻画出险峻的形势。不足：缺乏高大古树。

图6-64　玉岑精舍鸟瞰创作　学生作业　曹文雯

此画也是高视点的遗址复原鸟瞰创作，难度较大。全画各物像的种类丰富，建筑奇巧，树木植物生动活泼，山势地形充分合理，层次分明，瀑布山溪流动自然。调子、白描和疏密三法结合，绘画技巧纯熟，科学性和艺术性都很强，是一幅成功的风景创作作品。不足：瀑布稍微深入刻画，使其更加明显清楚则更加完美。

图6-65　苏州拙政园笠亭　许林峰

图6-66 苏州拙政园扇面亭 许林峰

图6-67　避暑山庄乾隆瓜棚　宫晓滨

图6-68　沧浪亭素描　许文俊

6.2　西方古典风景园林与现代景观的素描绘画

这一部分内容在目前的素描教学中，所占比重不是很大，但较为重要。尤其是现代景观设计，就目前实际情况来看，其数量和种类是很庞大的。因此，要求学生在有限的课时内，在我国传统园林的设计素描表现绘画的基础上，有针对性地接触一些西方及现代景观风景的内容，无疑具有很强的实用性。

6.2.1　西方古典风景园林的素描绘画（图6-69至图6-76）

现代素描绘画教学，究其源，来自西方。无论是线条、调子，还是光影素描或结构素描，无不深深留有西方文明的烙印。同时，中国人画西画，经过一个多世纪的摸索与探讨，已形成了一种独特的艺术。以中国几千年传统文化深厚的积淀，来容纳消化西方文明，从而产生出来的这种西画作品，自然带有强烈的中国味道，展现出强烈的中国印记。而且在描绘西方传统园林风景的素描绘画上，画者所展现出来的艺术风格，又是多姿多彩的，这是一件很好的事。

西方风景与东方风景，虽然文化内涵和艺术韵味迥异，但基本画法是一致的。画法步骤在本节中不多重复，现以就画论画的方式，将部分师生作品，在绘画风格上作具体而简要的画法分析。

图6-69　Mounton House的水池与藤架　学生作业　马浩然

这是一张典型的西方古典园林景观的素描作品，有两个明显的特点：一是西方风味十足；二是园林特点强烈。西方古典的几何体藤架和水池，与自然式的植物很融洽地结合在一起，尽管建筑形式会随历史的进程而变化，但植物仍然只遵从其生长的自然法则。画面两点成角透视关系表现得很准确，将场景的空间深度与物象的层次表达得很充分。

作品又通过人物雕像的成功刻画，抓住了西方古典园林的典型特点。画面历史氛围浓厚，在画法风格上细腻精确，表明作者风景素描技法的熟练程度较高。

画面在背景处理上的留白恰到好处，既突出了主题，又在画中表达了空间深度，是画面中的妙处所在。另外，架上植物表现得深入细致，栩栩如生，藤架石材质感也表现得很生动贴切。

图6–70 法国多默城堡拱门 学生作业 张焱菁

这个拱门历史遗迹感很强，有很好的修旧如旧的效果。如果将拱门画成一个新的建筑，将毫无意义。作者很敏锐地感觉到这一特点，并准确地将其表现了出来，这是很可贵的。有的学生，常常将旧的含有历史意味的建筑画成一个新建的建筑，虽然形体结构以及透视都很准确，但仍缺少艺术上的深度。因此，加强历史、文学等社会学方面的修养，不但对于一个画家来讲很重要，而且对于一个园林设计师来讲更加重要。

作品风格细致写实，墙体旧石块的质感强烈，在体量布局上也有大小之别，疏密之分，石块的组合层次在整体透视感上也很准确。墙头草的刻画也较合理，黑白灰调子的对比过渡也很自然。

图6–71 砖桥 学生作业 卢姗姗

这是一座很典型的西洋拱桥，桥体呈弧线造型，在垂直圆的透视关系上，作者捕捉得较为准确。全画仍以调子手段，通过刻画物象的明、暗关系来表现形体。

前景树枝的动态表现得较为生动，枝条组织的疏密关系也安排得很有章法。桥后边的树林繁盛而茂密，将桥体受光部位衬托得明显醒目。同时，桥栏上背光的暗重部位，调子的运用也较为适中，而且又将这部分的背景处理成深远明亮的天空和水面，使桥体既有亮色调，又有暗色调而更加突出。

图6-72　威尼斯伊顿夫人花园　学生作业　卢姗姗

这张画表现的既是花架又是花境，花架构件随意而简朴，表现出很自然的田园式风格，花境的安排却采取了一条直线，又表现出了明显的人工痕迹。这两种不同方式的组合，恰恰又表现了质朴与单纯的统一风格，产生出一种自然和谐的甜美意味。

画面的空间深度表达充分，景深很大。虽为一点透视，但最远处的消失点，定在画面靠右的部位，使画面左右物象位置均衡而又生动活泼。花卉刻画简洁明亮，用周围植物调子衬托得分外耀眼醒目。植物线条与调子结合得也很好，既表现了植物茎叶的形象，又表现了一丛一群的整体效果。画面笔法轻松自然，线条本身的美感也较强，并带有较强的速写意味，使画面在整体上显得情趣盎然。

图6-73　西班牙阿尔罕布拉宫一隅　学生作业　刘晓涵

这张素描风景画，成功刻画了西方传统的整形植物造景景观，很具典型性。这种几何形的植物造型，表现出西方文化和园林景观的明显特点，在形体轮廓的刻画上，要比自然形体的植物好画得多。

另一方面，虽然在外形上可用规则曲线和直线概括，但在植物质感的表达上却具有一定难度。既不能画成自然式，要画成几何体，同时又不能画成其他材料的几何体，而一定要画成植物。这就是此类物象表达的绘画要点。

该作品刻画植物的调子用法很明确地表现出了植物的质感特点，具有一定的说服力。画面采用两点透视，将场景的空间层次与深度表现得很充分，远景植物衬托出建筑，与前景几何形体的植物形成虚实对比，且笔法放松自然，使画面在整体上松紧有度，和谐统一。

图6-74　泉池与雕塑　学生作业　卢姗姗

这张西方古典园林景观的素描绘画，以调子为主要手段，将物象的光影与形体都表现得较为成功。画面以亮色调的雕塑为主景，对其形体的刻画，均以暗面为主，亮部轮廓几乎没有明显的线条，在形体上过渡的灰色调也省去。这样，既较为准确地表现了雕塑人物的形体与动态，又较好地表现了雕塑材质明亮的色感。

在刻画雕塑底座部位时，将烦琐细碎的装饰浮雕进行提炼与概括，使这一部分物象同样显现出明亮的色调而十分突出醒目。

背景树丛用重调子整理概括，起到了很好的衬托前景主体的作用。

此画的构思立意在于，通过山中古堡与瀑布的组合与刻画，力图表现出西洋古建的遗迹风情，从而给人以历史和文化上的异域感受。画面取竖构图，较大的仰视表现出山体的高耸，两组山水顺势而下，使山与水的自然形态突出而动人。繁盛的植物与艳丽的花草点缀其间，犹如人间仙境。

图6-75　古堡瀑布透视效果　宫晓滨

图6–76 圣索菲亚大教堂 学生作业 董荔冰

这是一幢很典型的俄式教堂，具有很强烈的异域宗教建筑风格。与中国寺庙园林中的建筑相比，显现出一种很突出的对比效果。中国汉文化的宗教建筑，往往与中国传统建筑的整体风格相融合，而西方宗教建筑的群体或个体风格往往很突出。这一建筑形象上的感受，应在绘画选题与构思时，产生某种艺术设计的灵感。作者通过这一画面，显现出绘画艺术构思的灵气和较扎实的风景写实素描的功底。

该建筑形体结构较为复杂，球体、圆柱体、棱锥体、多边体等多种形体穿插组合，透视呈多点透视，其关系也很复杂。作者成功地运用光影素描技法，将该教堂多变的形体与比例刻画得非常成功。画面笔法细腻，概括力强，建筑材质的质感表现得也较好，建筑前后层次感明确，光与阴、影的效果表现得尤为成功。

6.2.2 现代景观的素描风景绘画

现代景观设计表现绘画的内容，是根据设计的实际需要而安排的，设计的手绘表现绘画，是设计的重要组成部分。同时，其绘画水平与表现力的强弱，都在较大成分上体现设计的整体质量。因而，这部分的绘画教学内容，既可体现一定的学术水平，又具有较强的实用性。

本小节仍从鸟瞰效果与透视效果这两方面入手，将该部分内容的素描技法进行扼要分析（图 6–77 至图 6–98）。

图6–77 庭院 宫晓滨

这张现代庭院的设计素描表现绘画，取局部景观。虽为鸟瞰，但俯视的视点并不很高，视平线较低，较利于刻画场景的局部效果。如果要画全景鸟瞰，则俯视的视点应当高一些，视平线也要相应地定得高。注意：画面上所有的物象均要安排在视平线以下。

现代景观中的建筑等人工构筑物，多取各种几何形体的组合与穿插。轮廓线与结构线条很简洁，没有太多零碎的构件与饰物，因而在刻画形体与确定透视关系时，难度不是很高。但建筑在场地上的安排，有时又不是以互相平行的方式进行，常有相互不平行的建筑出现，这就出现了不平行线段的透视消失的问题。

如图所示，左边的两个小型建筑和右边的楼墙与阳台一角，不是互相平行排列，而是各自出现角度。在这种情况下，只要抓住一条视平线，并按多点透视的基本规律，将它们的多个灭点均定在一条视平线上，建筑的透视关系就不会出现大的问题。否则，画面上的某个建筑就可能出现倾斜。

图6-78 小池 宫晓滨

本鸟瞰图的视点定得很高。视点越高，视平线就越高，视野便越广，所能表现的场景就越大，物象也就相对较多。此图取三点透视，在这一情况下，所有物象的竖向线条均向下相交于一个地点。另一方面，在一般情况下，这个地点离开画面物象稍远一些为好。地点越远，物象竖线条的倾斜角度便越小；相反，地点离画面越近，这些竖线条的倾斜角度越大。

图中所示，由于地点离画面较近，因而这些竖线条的倾斜角度显得较大，使画面物象稍有不适感。因此，在三点倾斜透视中，无论是鸟瞰俯视的地点，还是仰视的天点，都要在其高、低的位置上安排得适中，并要以视觉感受的舒适程度为一个相对的标准。

另外，小池中的水中倒影，基本采取横向的平行线与竖向的透视线相结合的手法。如此这般，既可以表现水纹的远观效果，又可以使水中倒影线条与岸上物体线条的透视方向一致。这样，水面就是水平的，可以避免将水面画成倾斜。

图6-79 幽谷 宫晓滨

所谓透视效果表现，其实就是指在日常生活中，人们最多采用的平视视点，通常所说的生活视角即指这种视觉效果。

此图取两点成角透视，山谷中一休憩小建筑，搭建在于谷地中支架起来的平台上。茅草顶的小棚朴素简单，平和近人，很成功地体现了既亲近自然，又尊重自然的思想情操。画面上整个场景氛围和谐宁静，优美自然，既有多种植物与自然岩石的围合，又有空间的通透安排，使这一小环境处处洋溢着甜美的韵味。

在画法上注意抓住整体大的关系，没有过多的细部刻画，以突出几组物象的层次与互衬关系，使主题更加明确突出。另外，在绘制时间上也要适当掌握，在好的基础上求快，既快又好是设计效果表现类绘画的又一标准。

右边部位的草丛要分几组刻画，注意留白的程度与层次的安排，更要注意线条的顺畅和用力大小。应用简洁明快的线条表现出草丛的明亮度以及柔软的质感。

图6–80　池趣　宫晓滨

这是一张很典型的一点透视，所谓平行透视即指此种透视法。此图中视平线上的灭点，定在全图中轴线偏右的部位，使画面构图避免呆滞刻板。

地面铺装有三种形式：一是完全留白的石材；二是有固有色的石板；三是鹅卵石。石材石板要表现出平整光洁的质感，所以在笔触线条的使用上，该留白的全部留白，该上调子线条的也要适度，其深度不可超过植物。在笔触线条上也要跟着整体透视方向走，否则，铺装线条会显得很乱而失去规整统一的效果。

注意鹅卵石没有全部画满，而是分出几组，有次序地安排与刻画，既要表现卵石形体，又要衬托出光洁的石材。这样，地面铺装的刻画，才会材质明确而又组合有序。

植物分高中低三个层次，每一层都以底暗顶亮的手法将它们依次表现出来，同时要注意植物群落中的前景压中景，中景压后景的空间关系。最高的树也取三五棵为好，此图取三。在高中低与前中后的高矮和空间上，也注意到了在构图上的安排与次序。

图6–81　情趣　高文满

这幅画取材于邻家小院，画面构图饱满，春意盎然。素描关系轻松、柔和，巧妙地传达出一种温馨清丽的艺术感觉。

图6–82　室内水景　徐桂香

这张现代室内园林景观的素描作品，采用两点透视。天窗和楼层形体比例、透视均很准确，并且采用简画的手法，既说明了园林景观所处的建筑环境，又突出了园林景观的主要内容和主题。

画面中植物、山石、水体这三个大的物象特点表达充分，植物种类丰富，岩石层次明确，瀑布的白亮感与透明度也刻画得很成功。下边水流的整体方向与天窗的透视线条形成对比与呼应，使这两种不同质感的物象在一静一动中，形成对应而均衡合理的构图关系。

白色瀑布周围的深调子画得很透彻，不仅把瀑布衬托得明确响亮，而且也将凹处的岩石局部层次和质感表达得很充分，同时又隐约可见石缝中的植物。全画用笔虽简，表达的内容却很丰富，表明了作者对景物具有很强的概括力与表现能力，使此画不但在设计的说明性和艺术表现力上均有较强的说服力。

图6–83　自然式汀步——水径寻幽　徐桂香

图6–83与图6–86是现代水景设计的汀步效果表现素描。这张自然式汀步呈“之”字形布局，符合自然天成的一般规律，同时又不完全是纯自然的，汀步石块的形体是不规则的，但表面又较为平整，间距也很合适，具较充分的实用功能作用。这一点在捕捉物象形体时应予以注意，不要画成完全不具备实用功能性的纯粹自然的形式。

而现代规则式汀步较为好画，既可以“之”字形布局，也可以直线或折线布局，石块既可以尺寸一致而效果统一，又可以大小相间而效果活泼。

图6-84　Jay Pritzker 露天场馆　徐桂香

这是一张很典型的现代城市景观效果表现的素描画，画面物象呈多点透视，有一定难度。但画面总体透视感觉很舒服，透视关系表现得很好。画面中心现代建筑的形体与结构关系概括得很准确，流线型的外轮廓与体面转折关系，以及光影效果都刻画得很成功。在整体造型上也抓住了物象最主要的形象特点，使该建筑具有很强的现代雕塑感。

树木植物运用重调子大胆而熟练，把植物与建筑在色度、物种特点，以及软硬质感的对比效果表现得恰如其分。左边草地、灌木、乔木这三个层次表现得很明确，笔触轻松自然。因受光而呈亮色调的灌木在笔法上由画面中心向画面边缘退晕留白，把观者的视线引导到画面主题，同时又使画面在整体上松紧有别，显得画意盎然。在地面处理上用寥寥数笔，把草地与铺装的对比关系表现得明确无误。

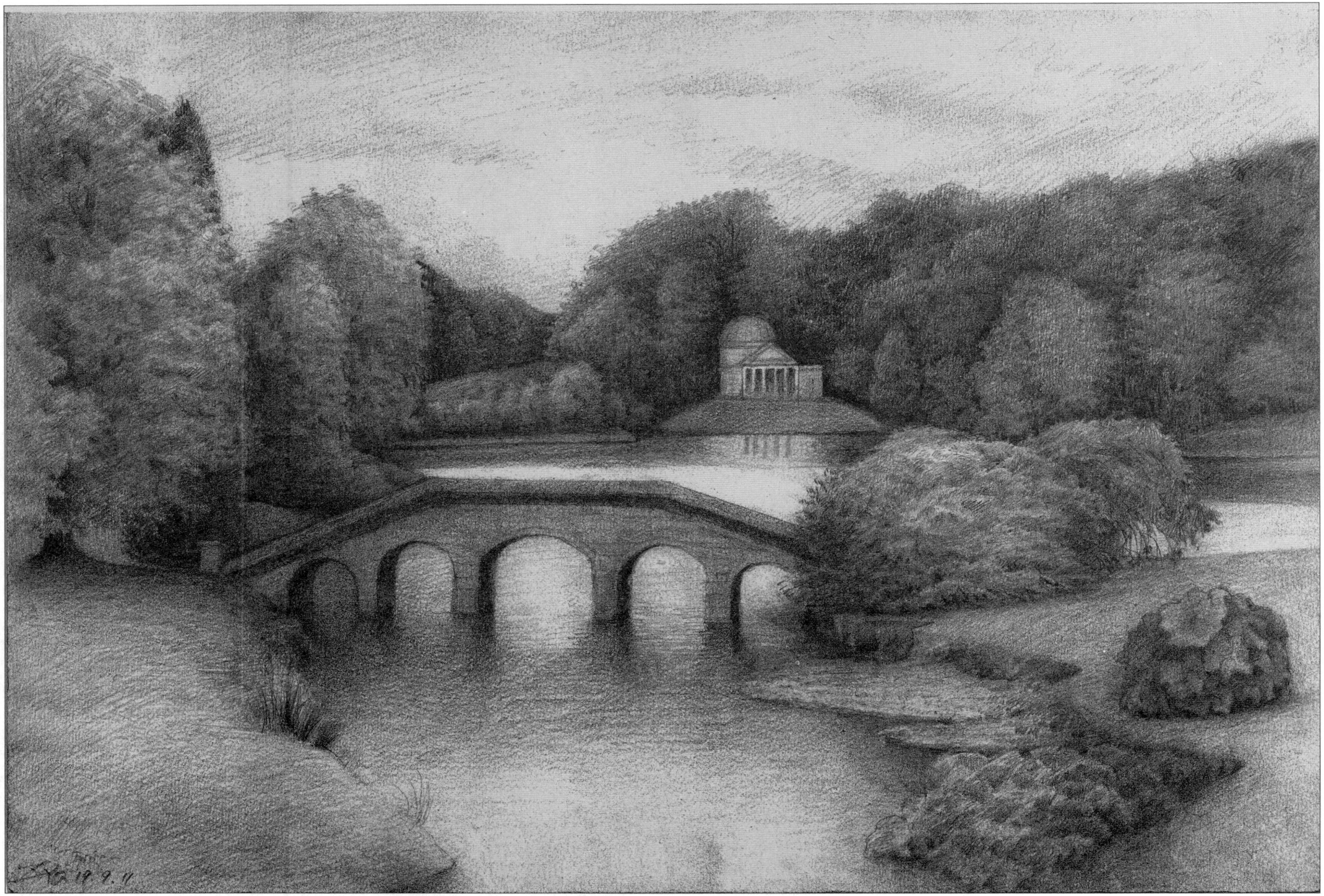

图6–85　英国斯托海德风景园　朱胤齐

西方建筑简洁的造型加上层次丰富的植物，使得画面别有一番风味。中景的小桥以直线造型为主；后面远景的建筑也是以几何形呈现，概括又不失细节。植物的形态较为多样，并且整体关系较好，平静的水面起到了连接河岸和建筑的作用，整体画面呈现出静谧祥和的感受。

图6-86　现代规则式汀步　徐桂香

注意图 6-83 和图 6-86 两张画的环境刻画，画汀步如不画水则物象主题不明，如不画衬托之物则不成风景。因此，汀步周围水的刻画以及背景物象的刻画，同样是至关重要的。

这种群体式组合与多样式的喷泉在现代景观中常见，画好这类景物，在现代景观表现绘画中占有较重要的地位。在此画中，现代规则式水渠呈阶梯形式的多层次，每一层都有两种喷泉形式。这种外形特点的差别变化，在表现这种景观时一定要首先刻画准确，这一点很重要，否则，这种绘画将失去意义。

此画将主体喷泉刻画得很生动自然，喷泉下流水的线条也画得很熟练，将流水的动势表现得很成功。同时，作者又很充分地表现了喷泉的环境，使各种植物、建筑与喷泉群体共同组合成一幅优美的园林景观画面。

图6-87　现代城市喷泉景观　徐桂香

图6-88　现代水渠景观　学生作业　崔庆伟

在这张素描表现绘画中，作者以较熟练的风景素描技法，表现了西方现代水渠风情的优美景观。用小石桥和绿篱将物象分为前、中、后三个大的层次，使画面在整体上很有节奏感。

花草繁盛、物种丰富，为表现花草的不同形象特点，作者所运用的线条和笔触也很丰富自然，使物象形态各异而栩栩如生。画面在黑、白、灰调子上的运用也很自然，花卉虽没用色彩，只用黑白，但其鲜艳明亮的视觉效果表现得很生动。前景小石桥下表现投影的暗、重调子，与后景绿篱背光面的暗、重调子遥相呼应，使前后物象产生调子上的对比和空间深度，同时又表现了明媚的阳光，可谓一举两得。

水分上下两层，既较为成功地刻画了流水的动感，又较好地表现了小地形的高差变化。整个画面效果显现出一种安祥而明媚，幽静中听潺潺水声的动人意境。

图6-89 现代城市景观 学生作业 麻广睿

这张画是鸟瞰表现素描，为一点平行透视，画面物象在平面布局上和高、低位置上的关系上也较为复杂，水景种类和形式也较为多样。树池中树冠的笔触线条虽很简练，但树形和俯视的效果表达得也很充分，表现出作者具有较好的概括繁杂物象的绘画能力。

图6-90　会馆的午后　学生作业　刘志芬

这是一张用尺画线与徒手画形相结合的表现素描作品，画面形象明确，物象形体准确，直线与变化中的曲线交错安排，使物象形体及变化丰富，又丝毫不显杂乱。

画面中的植物种类很丰富，在形体上的对比较为明显，使植物形态显得丰富多彩。背景建筑楼层简洁概括，使景观主体在画面上很突出。全画笔法洗炼，线条干净利落，人物比例与动态也表现得较好，是一幅较成功的表现素描绘画。

图6-91 田园诗风 学生作业 孙晓辉

疏林草地中一泓静静的水泊，清晰地倒映着岸上的风景，是一幅非常典型的水平如镜的美丽景象。如何表现清澈、干净、透亮的水，可参看此画。浑浊的污水本身，不会有如此清楚明亮的岸上倒影。

在绘画技法上，作者用横向水纹线条和竖向调子线条，将山坡、草地、树干、建筑，以及背景树丛在水中的倒影都刻画得具体生动，在刻画倒影物象的同时，成功地表现了清澈的静静的水面。在画面构图处理上也有独到之处，水面几乎占了画面的二分之一。岸上的三棵大树，陪伴着一幢小巧的洋屋，显现着宁静的西洋风情。

图6-92　木亭小园鸟瞰效果　宫晓滨

这是一幅现代居住区公共绿地设施的鸟瞰表现绘画，植物和水体的自然形态与铺装、道路、木亭子的现代几何形体结合得较为完美。木地板与石材以及玻璃等现代材料也表现得较为明确。亭子虽为六角攒尖的传统形式，但造型简洁明快，很具现代意味，其正六边形的俯视透视关系也表达得很舒服。

图6-93　西洋风情　学生作业　尹庆

这张画的构图很巧妙，画面前景的三棵大树，以两曲一直的姿态，组成了很自然又较为特殊的框景画面。三棵树之间又很有组织次序地穿插着若干大小不等的树枝，使粗大的主干与细枝交错有趣，有主有次，有疏有密，显得很有章法。

大树树干纹理处理得也有细致、有概括、有明亮受光部位，同时又有背光的阴影部位，使树干不仅有左右方向的动势，而且又表现出了前后的空间层次感。大树下草地上的光影效果强烈，休憩坐凳和远处的洋式园林建筑，都很明白地说明了景观设计的意图，使画面在现代景观的艺术表现力和设计说明性这两个方面都表现得很成功。另外，作者采用炭条与炭笔相结合的这样一种较难的素描技法，将物象表现得如此细致生动，显现出很扎实的素描绘画功底和出色的绘画能力。

图6-94 荷兰羊角村 朱胤齐

在现代景观设计绘画中，同样可以画出小桥流水人家的优美情景。自然式的小河与现代几何形建筑产生了既有对比又很和谐的美好景观。一座精致的小桥，将画面向远处延伸，同时，小桥的造型简洁、质朴，桥虽小，却显现着现代情调。

此画在树木植物的刻画上也较成功，树木种类丰富，层次明确，与建筑配合得很好。前景的树茂盛壮实；中景的树高低错落，右前的植物刻画既概括又有一定的细节；中景部分的房屋若隐若现，与前景的建筑相呼应，使画面生动且有较强的韵味。

图6-95　水池草坪透视效果　宫晓滨

在一片开阔而平坦的阳光草坪上，以几何形式点缀与组合种类简洁而形态疏朗的树木。直线形式的水池，使风景画面显现着强烈的现代意味。远处的图腾柱和喷泉，与树干形成坦然的呼应关系，使风景的整体效果和谐而自然。前景的花卉与碧水相亲，给人以舒适娴静的美感享受。

图6-96 城市景观 学生作业 麻广睿

这张画是透视表现素描，为两点成角透视，以小场景中错落变化的花池、瀑布水体与步道阶梯为主体。

物象形体高度概括，透视也很准确。作者用较为简洁明快的线条与调子笔触，将规则式的建筑与构筑物，以及植物、瀑布、规则式叠溪，都刻画得生动自然，人物的比例与动态也表现得较好。画面设计意图表达明确，构图合理，笔触生动活泼，是较好的设计表现素描绘画。

图6-97　圆环绿地鸟瞰效果　宫晓滨

这张俯视效果表现绘画以圆弧线条为主，同时，圆弧线条与直线条的穿插连接，产生一种向心与辐射的视觉现象，在整体上表现出一种既对比变化又和谐统一的优美效果。先用重笔触勾画轮廓线条，再上调子，最后在植物最暗部位上重调，注意重调子不可多用，以免破坏铅笔清淡雅致的格调。

图6–98　西方现代城市园林景观透视表现——美国Freeway Park，Seattle　学生作业　曹文雯